当代北京城市空间研究丛书 1

朱文一 主编

微观北京

ZOOM-IN BEIJING

朱文一 编著

清華大學出版社
TSINGHUA UNIVERSITY PRESS

微观北京＆广角北京
——当代北京城市空间研究丛书总序

1980年，我来到北京，在清华大学学习建筑学专业。三十年来，亲历了中国城市、尤其是北京城的飞速发展。在攻读博士学位期间，我师从吴良镛先生，开始城市空间的研究。我的博士论文，从理论上进行了中国和西方城市空间的比较研究，探索了中国城市空间的本质特征及其演进规律。其中，有关北京城市空间的研究成为博士论文的重要组成部分。论文中提出的中国城市空间的“边界原型”和“街道亚原型”，呈现了中国城市建筑空间的本质特征和演进规律。千年古都北京城完整地体现了“边界原型”和“街道亚原型”空间特征。近代以来，体现西方城市建筑特征的“地标原型”和“广场亚原型”，正在融入北京城市空间。今天的北京城，旧城四合院以及单位大院的空间肌理延续至今，新区建设中出现的“大院式”楼盘遍布北京城。从中可以发现，“边界原型”呈现出的“院套院”空间形态依然很清晰。而王府井商业街、前门商业街和三里屯酒吧街等街道空间特色鲜明，延续了“街道亚原型”空间形态。与此同时，“地标原型”体现出的高楼林立景象以及同心圆放射的环路空间结构，逐渐成为当代北京城空间的形态特征。从20世纪50年代天安门广场的建成到90年代初越来越多“广场”的出现，表明“广场亚原型”正在成为当代北京城的显性空间，尽管有不少“广场”仅仅是文字性的名称[1]。对北京城市空间的持续关注和研究，成为我学术研究的主战场，也为我深入思考当代北京城市空间的形态规律提供了基础。

20 世纪 90 年代初，我博士毕业后在清华大学建筑学院任教。那时，正是北京城市超大规模发展的初始。其后，城市规模急剧扩展，城市活动日益丰富，映入我眼帘的是一幅有厚度的、丰富多元的、立体的当代北京城市空间景象。于是，我开始关注北京城市公共空间的品质问题，对北京城市公共活动与空间之间的关联产生浓厚的兴趣。从 1996 年开始，结合硕士研究生的培养，我拟定了当代北京“弱势空间”系列研究，针对北京城市公共空间中的“弱势空间”，如：商摊空间(杨滔)[2]、街头观演空间(傅东)[3]、无障碍空间(庞聪)[4]、胡同游空间(谷郁)[5]、行乞空间(戚积军)[6]、婚庆空间(谷军)[7]、殡葬空间(兰俊)[8]、宠物空间(刘磊)[9]、老字号空间(陈瑾羲)[10]、夜市空间(夏国藩)[11]、公厕空间(汪浩)[12]等，指导研究生展开城市整体空间调查与研究。“弱势空间”体现了城市公共空间对人的关照，体察空间的细微部分。我把这项持续十余年的研究称为“微观北京”城市弱势空间系列研究。

---

[1] 参见朱文一.空间·符号·城市——一种城市设计理论.北京：中国建筑工业出版社，1993年版；台北淑馨出版社，1995年版.
[2] 参见杨滔.北京街头零散商摊空间初探. 清华大学硕士学位论文, 2002年.
[3] 参见傅东.20年来北京大众观演空间研究.清华大学硕士学位论文, 2001年.
[4] 参见庞聪.北京城市无障碍外部空间初探.清华大学硕士学位论文,2005年.
[5] 参见谷郁.“胡同游”空间研究. 清华大学硕士学位论文, 2005年.
[6] 参见戚积军.当代北京城市行乞空间初探.清华大学硕士学位论文,2005年.
[7] 参见谷军.当代北京城市婚庆空间研究.清华大学硕士学位论文,2008年.
[8] 参见兰俊.当代北京城市殡葬空间研究.清华大学硕士学位论文,2007年.
[9] 参见刘磊.当代北京城市宠物空间研究.清华大学硕士学位论文,2007年.
[10] 参见陈瑾羲.当代北京“老字号”空间研究.清华大学硕士学位论文,2007年.
[11] 参见夏国藩.当代北京城夜市空间研究.清华大学硕士学位论文,2008年.
[12] 参见汪浩.北京公厕与城市公共空间.清华大学硕士学位论文,2007年.

“微观北京”系列研究追求相对完整地呈现当代北京城市公共空间品质的状况，并针对城市空间品质的进一步提升和优化，提出了若干建设性的意见和建议。这项研究从一个侧面弥补了快速城市化进程中北京城市公共空间研究的匮乏。2008 年，部分研究成果以专栏形式在《北京规划建设》、《建筑创作》上连续发表。

2001 年，我开始招收博士研究生。当代北京城市空间特色问题，成为我关注的研究领域。我拟定了“广角北京”城市空间研究系列，指导博士研究生完成了当代北京城市宗教空间（金秋野）[1]、行政空间（王辉）[2]、纪念空间（高巍）[3]、博物空间（秦臻）[4]等专项研究。“广角北京”城市空间研究系列中的校园空间、女性空间、犯罪空间、大众体育空间、地下空间、影院空间等专项研究正在进行中。广角北京以“整体切片式”的研究视角和方式，尝试挖掘、呈现和创造当代北京城的空间特色，为北京迈向宜居城市提供参考。

北京作为中国的首都，它的发展可以看成是中国城市发展的一个缩影。我有幸亲身经历了北京城近三十年的巨大变化，并结合自己的专业，在有限范围内追踪了北京城的空间演进轨迹，探索了北京城的空间特征和特色。研究成果以我主编的“当代北京城市空间研究丛书”的形式出版。第一辑《微观北京》收录了我从 1997 年到 2005 年期间指导硕士研究生完成的北京街头零散商摊空间、北京大众观演空间、北京城市无障碍外部空间、北京旧城胡同游空间等研究成果。第二

[1] 金秋野.当代北京城市宗教空间研究.清华大学博士学位论文,2007
[2] 王辉.当代北京城市行政空间研究.清华大学博士学位论文,2008
[3] 高巍.当代北京城市纪念空间研究.清华大学博士学位论文,2008
[4] 秦臻.当代北京城市博物空间研究.清华大学博士学位论文,2009

辑《微观北京 & 广角北京》收录了我开设的“微观北京”和“广角北京”两个学术专栏上刊登的36篇关于北京城市空间研究的学术文章[1]。这是我从2005年到2007年指导研究生完成的研究成果。第三、四、五辑由我指导的博士研究生完成：金秋野著《宗教空间北京城》、王辉著《行政空间北京城》、高巍著《纪念空间北京城》。

北京城市空间研究是一项长期持续的工作，系列丛书中五本著作的出版只是一个开始。希望这套丛书能为北京城市空间品质的提升、美好人居环境的创造添砖加瓦。

朱文一

2009年12月28日

于清华园

---

[1] “微观北京”专栏，《北京规划建设》2007年03期—2008年04期，共23篇；“广角北京”专栏，《建筑创作》2007年07期—2008年05期，共13篇。

目录

第二章 北京大众观演空间

第一章

北京街头零散商摊空间

杨滔

北京街头零散商摊空间[1]

街头商摊在城市生活中极易被忽视，甚至遭歧视，古今中外的城市中却又一直存在着商摊现象。商摊活动往往对城市的地域特色和空间品质有着直接的影响。街头商摊空间是指商摊活动所对应的城市空间类型。从1998年开始，杨滔对北京街头商摊空间进行了较为全面的调查和分析，总结出街头商摊空间在北京城市的分布及其空间类型，并针对存在的问题提出了建议。

---

[1] 本文根据杨滔硕士论文缩写，参见杨滔.北京街头零散商摊空间初探.清华大学硕士学位论文，2002

一、城市街头零散商摊空间

（一）街头零散商摊

1. 定义

商摊是指商贩、小贩、摊贩[1]等进行买卖活动的空间。

---

[1] 英语中称呼商摊、小贩、摊贩的词语有：peddler, vendor, arab, hawker 和huckster等。
peddler n. 1. A person who sells from door to door or in the street. 2. A person who tries to promote some cause, candidate, viewpoint, etc. Webster's Encyclopedic Unabridged Dictionary of the English Language. San Diego: Thunder Bay Press, 2001: 1428.
vendor n. 1. A person or agency that sells. 2. See vending machine. Also, vender. Webster's Encyclopedic Unabridged Dictionary of the English Language. San Diego: Thunder Bay Press, 2001: 2110.
arab n. … 4. Sometimes Offensive. A street peddler (esp. in Baltimore). Webster's Encyclopedic Unabridged Dictionary of the English Language. San Diego: Thunder Bay Press, 2001: 105.
hawker n. a person who offers goods for sale by shouting his or her wares in the street or going from door to door; peddler. Webster's Encyclopedic Unabridged Dictionary of the English Language. San Diego: Thunder Bay Press, 2001: 878.
huckster n. 1. A retailer of small articles, esp. a peddler of fruits and vegetables; hawker. 2. A person who employs showy methods to effect a sale, win votes, etc.: the crass methods of political hucksters. 3. A cheaply mercenary person. 4. Informal. A. a persuasive and aggressive salesperson. B. a person who works in the advertising industry, esp. one who prepares aggressive advertising for radio and television. v.t., v.i. 5. To deal, as in small articles, or to make pretty bargains: to huckster fresh corn; to huckster for a living. 6. To sell or promote in an aggressive and flashy manner. Webster's Encyclopedic Unabridged Dictionary of the English Language. San Diego: Thunder Bay Press, 2001: 930

“贩”[1]有出卖、叛变等含义，小贩一词有一定的贬义。而“摊”[2]的词义比较中性，主要是指存放出售或陈列的物品或展品的临时构筑物；小零售商使用的通常是露天的小构筑物，如路边的水果摊，具有一定的建筑和空间意味。书中采用相对中性的“商摊”或“摊商”称谓。

街头零散商摊是指城市道路红线以内的零散商摊。商摊的经营场所基本上符合城市交通管理部门的划定，即夜路、城市道路、胡同、公共广场及公共停车场等，包括道路范围内的车行道、人行道、市政用地和桥梁、人行天桥、人行地下通道及其他附属设施。[3]

街头零散商摊根据其经营内容可分为饮食类、书报类、百货日杂类、修理类等。根据其经营场所可分为固定类、半固定类、流动类等。根据其聚集密度可分为单个、小规模聚集、大规模聚集等。根据其时段可分为清晨、傍晚、节假日、季节性的商摊。

本书关注的是城市日常活动中普遍存在的室外零散商摊空间。零散商摊是城市空间中充满活力的因素，为城市日常生活提供了更好、更适用的户外环境。对于零散商摊聚集到一定程度而形成的固定市场，综合性、大规模的节日商摊、室内商摊，不在本书中讨论。

---

[1] 辞海编辑委员会.辞海.1999年彩图珍藏本.上海：上海辞书出版社，2001：3871.“贩”：(1)贱买而贵卖。《荀子·王霸》：“贾分货而贩。”亦比喻叛卖。《宋书·沈攸之传》：“虽吕布贩君，郦寄卖友，方之斯人，未足为酷。”(2)贩卖货物的小商人。如：小贩；摊贩。

[2] 辞海编辑委员会.辞海.1999年彩图珍藏本.上海：上海辞书出版社，2001：1917.“摊”：(1)展开，平铺。杜甫《又示宗武》诗：“觅句新知律，摊书解满床。”引申为揭示，明白表示。如：把问题摊开来谈。(2)分配。如：摊派。(3)摊子。如：菜摊；摊贩。(4)凝聚的一片。如：一摊泥。

[3] 北京市人民政府.北京市临时占用道路管理办法［EB/OL］.(1997-12-31)2006-04-29］.http://chengguan.bjdch.gov.cn/lianjie/zcfg.htm

2. 历史

中国传统社会的经济结构以自给自足的模式为主，在民间流通领域中游动销售的商摊占有很大的比重。从西周到唐代，中国实行的是集中封闭的坊市制，即市（商业区）和坊（住宅区）严格分开而设，市门朝开夕闭，交易聚散有时，市的设立、废撤、迁徙都由官府命令而行。唐代后期，商业活动渐渐不限于两市，在两市附近的各坊和城门附近，已有手工业者和商人设店、摆摊售货，大城市出现了夜市。北宋年间，市坊制废除，城里随处可开设商铺，小商贩也可以沿街叫卖，晓市、夜市、季节市、“鬼市”[1]盛行，时空上开放的市街形成了。

宋代孟元老撰的《东京梦华录》描述了北宋东京城市生活的方方面面，是研究我国古代城市的重要著作，而邓之诚注的《东京梦华录注》是目前对《东京梦华录》的详尽注释。书中在《御街》、《潘楼东街巷》、《相国寺》、《马行街》、《般载杂卖》、《天晓诸人入市》、《诸色杂卖》、《鱼行》、《月巷陌杂卖》、《七夕》、《中元节》、《立秋》、《重阳》等篇都提到或者生动描述了街头的商摊，共 18 处。这些小摊商经营的范围是很广的，包括“衣物图画花环领抹”[2]、“蒸梨枣、黄糕麋、宿蒸饼、发牙豆之类……香药果子、羊肉头肚、腰子、白肠……”[3]，“秋叶”[4]、“生鱼”[5]等与城市日常生活密切相关的商品，也包括修鞋修帽等服务。街头摊档及推车挑担沿街叫卖者比比皆是，遍布全城

[1] 伊永文.到古代中国去旅行：古代中国风情图记.北京：中华书局，2005：72
[2] ［宋］孟元老，撰.邓之诚，注.《东京梦华录》北京：中华书局，1982：70
[3] ［宋］孟元老，撰.邓之诚，注.《东京梦华录》北京：中华书局，1982：119
[4] ［宋］孟元老，撰.邓之诚，注.《东京梦华录》北京：中华书局，1982：213
[5] ［宋］孟元老，撰.邓之诚，注.《东京梦华录》北京：中华书局，1982：130

各个角落，如“宅舍宫院前”[1]、“后街或闲空处”[2]、各种城门和桥上等，甚至在御道上，“两边乃御廊。旧许市人买卖于其间”[3]，“更有御街州桥至南内前，趁朝卖药及饮食者，吟叫百端。”[4]可见顾客不仅包括城市一般市民、农民，还有官吏等。而且这些摊商数目巨大，王安石变法期间，这些小商摊和小手工业者被免除了免行钱，据记载有 8654 户[5]。另一方面，这些商摊与东京的生活节奏是吻合的，在某种程度上推动了城市的生活、庆典、节日等，不同的季节、时节卖不同的商品，“是月时物，巷陌路口，桥门市井，皆卖大小米水饭、……、瓜儿……”[6]，“七月七夕，……皆卖磨喝乐。”[7]，“七月十五日、中元节，……巡门叫卖……又卖转明菜花、花油饼……”[8]，“惟开宝寺……下旬即卖冥衣、靴鞋、席帽、衣段……”[9]，等等。其中也描述了早市、夜市和鬼子市，等等。邓之诚在解释果子戏时提到了商摊的叫卖声与戏曲的关系，“京师凡卖一物，必有声韵，其吟哦俱不同。故市人采其声调，间以词章，……以为戏乐也。”[10]可见商摊“吟叫百端”的叫卖声与丰富的街道生活密切相关。虽然这本书仅仅是对北宋东京城的商摊描述，但也从侧面生动地反映了整个北宋时期的街道商摊的自由活动。

---

[1] [宋] 孟元老，撰.邓之诚，注.《东京梦华录》北京：中华书局，1982：70
[2] [宋] 孟元老，撰.邓之诚，注.《东京梦华录》北京：中华书局，1982：119
[3] [宋] 孟元老，撰.邓之诚，注.《东京梦华录》北京：中华书局，1982：51
[4] [宋] 孟元老，撰.邓之诚，注.《东京梦华录》北京：中华书局，1982：117-118
[5] 吴涛.北宋都城东京.郑州：河南人民出版社，1984：89
[6] [宋] 孟元老，撰.邓之诚，注.《东京梦华录》北京：中华书局，1982：207
[7] [宋] 孟元老，撰.邓之诚，注.《东京梦华录》北京：中华书局，1982：208
[8] [宋] 孟元老，撰.邓之诚，注.《东京梦华录》北京：中华书局，1982：211-212
[9] [宋] 孟元老，撰.邓之诚，注.《东京梦华录》北京：中华书局，1982：216
[10] [宋] 孟元老，撰.邓之诚，注.《东京梦华录》北京：中华书局，1982：142

图 1-1
中国古代绘画《清明上河图》中的街头商摊
资料来源：[宋] 张择端绘图，张安治著文．清明上河图 [M]．北京：人民美术出版社，1979

图 1-2
《皇都积胜图》中的商摊
资料来源：戴逸，龚书铎主编．中国通史 [M]．中国史学会编．彩图版．郑州：海燕出版社，2000：52

北宋张择端《清明上河图》所绘当时的东京街头人流熙攘、车马喧闹、店铺林立，共有 61 个各种各样的街头商摊。[1]还有金朝的《卢沟运筏图》桥上和桥边的商摊，元朝的《通惠河漕运图卷》中城门边的商摊，明代的《皇都积胜图》北京市区街道、正阳门、棋盘街和大明门一带繁华景象中的商摊，清代的《前门市街图》中北京前门地区、《乾隆南巡图》中的苏州、《学堂书报图》的清末新政街景等各色商摊是构成古代城市街道生活景观的主要因素（图 1-1、图 1-2）。

古希腊和古罗马的城市，街头商摊同样很普遍，至少在市场和广场中存在很多商摊。[2]恺撒时代的罗马城，"水果商、书商、香水商……以他们凸出的小摊位阻塞了大道。理发师在空地上向人招揽，因为空地上人人都能听到。"[3]在雅典，面包和饼是由妇女小贩挑来卖，一种零售商就是沿街叫卖。[4]欧洲古代和中世纪开始的时期，妇女商摊就很盛行了，广场、街道、市场是她们工作、生活、交流的场所。[5]中世纪的小贩有的是沿街叫卖的。[6]

古代中亚、西亚和印度的城市有不少个人经营商业活动的商摊场所。中国汉代和唐代的陶俑中常见这些地区的小贩

---

[1] ［宋］张择端图，张安治著文.清明上河图.北京：人民美术出版社，1979
[2] ［美］M.罗斯托夫采夫著.罗马帝国社会经济史.马雍，厉以宁，译.北京：商务印书馆，1985
[3] ［美］威尔·杜兰著.世界文明史：凯撒与基督.台湾幼狮文化公司，译.北京：东方出版社，1999：446
[4] ［美］威尔·杜兰著.世界文明史：希腊的生活.台湾幼狮文化公司，译.北京：东方出版社，1999：351
[5] Pilar Ballarin, Catherine Enler, Nicky Le Feuvre, et al.Women in the History of Europe: Women's labour in the domestic sphere［EB/OL］.［2006-04-29］.http://www.helsinki.fi/science/xantippa/wee/weetext/wee211.html
[6] ［美］威尔·杜兰著.世界文明史：信仰的时代.台湾幼狮文化公司，译.北京：东方出版社，1999：854

形象。“一个小贩，左腋下夹着一包货样，右手里大概有一只喇叭，用来招揽生意；小贩们还靠吹这种喇叭以宣告他们来到了某处。人头的形状以及浓密的鬣须表明他是西亚人，……这类型的人像是最常见的。”[1]还有许多商贩是突厥人、闪米特人、印度人等。

对于移民国家美国，街头商摊是许多人进入美国、实现梦想的地方。比如纽约最早的街头摊商包括逃出来的奴隶和自由的美国非洲人，其后包括中美洲、东欧、犹太人、意大利人、希腊人、俄罗斯人、加勒比海人、韩国人、塞内加尔人、中国人、埃及人等。17 世纪起有了合法的街头商摊，第五大街的原名是“商摊街”（Peddlers' Row）。芝加哥的街头商摊最早出现于 1838 年，主要是犹太人商摊，这是他们此后成功的起点。

图 1-3
1890 年美国街头爆玉米花商摊
资料来源：Popcorn History[EB/OL].[2006-05-04].http://www.rossonhousemuseum.org/popcorn_history.html

街头零散商摊可以传播文化、语言和新思想。国外某些食品的发展与商摊有着密切的关系，比如椒盐卷饼出现于公元 610 年的法国南部和意大利北部，1483 年左右，街头商摊开始使用带有轮子的烤箱沿街叫卖椒盐卷饼，促使它扩展到了整个欧洲。[2]意大利的比萨饼源于 18 世纪那不勒斯街头叫卖的带有装饰的平面包；[3]英国的炸鱼薯条源于 17 世纪伦敦街头食品；[4]法国的炸薯条产生于 19 世纪中期巴黎街头食品；[5]美国流行的爆玉米花也是产生于 19 世纪 90 年代的街头流动

[1] ［美］M.罗斯托夫采夫，著.罗马帝国社会经济史.马雍，厉以宁，译.北京：商务印书馆，1985：227

[2] Pretzel History［EB/OL］.［2006-05-04］.http://www.sturgispretzel.com/Prezhist.htm

[3] History of the Pizza［EB/OL］.［2006-05-04］.http://www.chefexpress.com/history.htm

[4] Fish and Chips-A History［EB/OL］.［2006-05-04］.http://www.niagara.co.uk/fish_and_chips.htm

[5] The Secret History of French Fries［EB/OL］.［2006-05-04］.http://www.stim.com/stim-x/9.2/fries/fries-09.2.html

图 1-4
国内城市街头零散商摊现状
上图为北京街头零散商摊（杨滔摄，2000 年 5 月）；中图为深圳街头零散商摊（杨滔摄，2001 年 11 月）；下图为常德街头零散商摊（杨滔摄，2002 年 2 月）。

商摊。[1]特别需要指出的是冰淇淋，其发展历史表明商摊对于城市大众文化的贡献。古老的意大利食品意大利雪（薄冰、果子、果汁的混合物）是意大利港口城市沿街叫卖的美味食品。1828 年有记载，美国街头出现了叫卖冰淇淋的意大利人商摊，大喝："我尖叫，冰淇淋。"(I scream! Ice cream!)1922 年，英国也出现了卖冰淇淋的三轮车摊商，"让我停下来，买一支吧！"（Stop me and buy one!）[2]这些叫卖口号都被写入当时的流行歌词中（图 1-3）。

3. 现状

今天，中国城市中街头零散商摊空间十分普遍（图 1-4）。

街头报刊亭[3]、早餐亭[4]在北京被列入"为老百姓办的 60 件实事"中，上海有关商摊的建立和管理模式也被很多城市效仿，青岛市市长提出了擦皮鞋等街头小商摊与城市市容好坏无关的论点。[5]

香港作为中国一个特殊的地区，开埠以来就活跃着各式各样的摊商，几乎遍及城市的每个角落。以性质而论，香港小贩可分为执牌小贩、无牌小贩及鬼佬小贩。执牌小贩经港府批准领取营业执照并在规定地点摆摊，又分为固定摊位执牌小贩和流动执牌小贩；无牌小贩未经香港政府认可也未注

---

[1] Popcorn History [EB/OL]. [2006-05-04]. http://www.rossonhousemuseum.org/popcorn_history.html

[2] History of Ice Cream (continued) [EB/OL]. [2006-05-04]. http://www.otal.umd.edu/~vg/amst205.F97/vj14/ic_history.html

[3] 北京市2001年在直接关系群众生活方面拟办的60件重要实事全面完成 [EB/OL]. (2003-09-24) [2006-05-04]. 第39件http://www.beijing.gov.cn/zw/zfgz/60jss/t1949.htm

[4] 北京市二〇〇三年在直接关系群众生活方面拟办的六十件重要实事全面落实 [EB/OL]. (2004-01-12) [2006-05-04]. 第28件htttp://www.beijing.gov.cn/zw/zfgz/60jss/t97699.htm

[5] 王家瑞.城市管理的误区 [EB/OL]. [2006-05-04]. http://www.dz.ks.gov.cn/xxnr.jsp?ID=15306&itemID=493

册登记而在街头摆卖，其中大部分是来自外地的鬼佬小贩。这些小贩一般聚集在九龙尖沙咀、旺角、铜锣湾等，尤其在银行门口会聚摆摊。至 1992 年底，香港市区有固定摊位执牌小贩 8816 名，流动执牌小贩 3513 名。[1]在繁华的中环地区也有不少摊商。香港在《公众卫生及市政条例》[2]法规中对小贩管制制定了专门条例（图 1-5）。

图 1-5
香港街头零散商摊
上图为中环广场（曹力摄，2001 年 6 月）；
下图为某路口（曹力摄，2001 年 6 月）

国外城市公共空间中也普遍存在街头零散商摊（图 1-6）。欧洲城市的旅游资讯中，街头零散商摊往往作为城市特色加以描述。在美国，1999 年《纽约时报》报道纽约市长朱利安尼（Giuliani）限制 100 条大街街头贩卖，纽约的街头摊商进行了抗议，并且城市犯罪率上升。《纽约周刊》做了民意调查，表明绝大部分纽约人希望街头商摊存在。最终市长与街头摊商达成了妥协。

（二）街头零散商摊空间

1. 释义

街头零散商摊空间是城市中一种特定的日常行为空间，具有明显的空间聚散、时段节律和情感特征。日常行为包括摊商、顾客、逗留的人等的活动；空间包括天空、地面、周围的建筑物和城市公共设施，以及视线、气味、声音等；时段包括日常生活节奏、自然气候和季节变化等；情感指人在此空间中产生的满足感、责任感、认同感和亲切感。

---

[1] 王维旗."天堂"小贩.光彩，1997（6）：19

[2] ［2006-05-04］. http://www.legislation.gov.hk/blis_export.nsf/chome.htm.132章，《公众卫生及市政条例》：第132AG章，小贩（认为区）宣布；第132AH章，小贩（区城市政局）附例；第132AI章，小贩规例；第132AN章，街市宣布公告；第132AO章，市政局辖区内街市宣布；第132BG章，私营街市规例；第132BO章，公众街市规例；第132BP章，公众街市（市政局）附例；第132BS章，限制在特别范围贩卖公告。

图 1-6
国外城市街头零散商摊现状
1. 汉堡街头商摊;(杨滔摄，2000 年 10 月)
2. 纽约街头商摊；资料来源：John Chase, Margaret Gawford, John Kaliski.Everyday Urbanism[M].New York, N.Y.:The Monacelli Press,1999:139
3. 罗马街头商摊；资料来源：CAMPO DI FIORI[EB/OL].[2006-05-04].http://www.aa.uidaho.edu/baron/campo.htm
4. 法国街头商摊（杨滔摄，2000 年 10 月）

街头零散商摊的经营活动涉及摊商、购物者和经营器具等。商摊的经营活动是向心性的，不管是摊商对于顾客，还是顾客对于摊商，活动都具有指向性。商摊能够聚集多种活动和人群，摊商与顾客、商摊与周围环境进行充分的交流。商摊空间的领域边界不明显，形态发散，随相关活动而变化。

可以对商摊空间进行如下描述：在商摊没有出现之前，城市空间中有很多可供摊商占据的点，某个商摊占据了其中的一个点，吸引各种人物、活动和情感的聚集，商摊本身就成为一个地点，变成了具有场所意味的商摊空间。摊商对商摊空间的占有、经营和活动，是对城市生活的参与和体验。市民对商摊空间的使用、经过和接触，丰富了他们对特定地点的经历和情感。这两方面构成了街头零散商摊空间对城市的意义。街头零散商摊空间是城市空间中普遍存在而又特殊的空间，是一种极易被忽视、被忽略的城市空间。

2. 相关研究

街头零散商摊常常被忽视甚至被歧视，这种情形又十分地方化，因时因地的不同呈现迥异的境况。基于城市空间角度的研究在国内外都十分少见。中国学者从城市管理和城市经济等方面对此现象有一定研究，集中在街头食品的卫生、管理监督方面的研究很多。多数论点认同街头食品是餐饮生活的一部分，是城市生活的一大特色，但是需要对其卫生状况加强管理和监督。[1]中国香港在《公共卫生及市政条例》中对小贩管制制定了专门条例。

---

[1] 阳柳蓉.街头食品卫生质量研究与管理对策.医学与社会,1998,11(8): 61-64

国外对于街头零散商摊空间的系统研究是近些年出现的。W.H.Whyte 粗略研究了街头零散商摊对纽约城市空间的贡献，说明食品商摊促进了城市广场的使用。如，曼哈顿区副主管朱利·汉默（Jolie Hammer）同意在室外卖咖啡和少数民族的食品，广场由此变得丰富多彩，甚至成为附近政府人员的社交场所。怀特驳斥了商摊会抢走商店生意，导致商业街衰败的观点。[1] P. 塞尔吉奥从社会和经济的角度考虑商摊的组织形式，认为社会资本、家庭、朋友在街头商摊的开业中起到了决定性的作用，政府在考虑对街头商摊的规划和控制时应考虑他们的组织形式和参与模式。[2]更为细致的商摊研究案例是诺曼·米勒在《日常城市》[3]书中一篇题为《街道生存：洛杉矶街头商摊的苦境》的论文。文中叙述了作者对洛杉矶麦克阿瑟（Mac Arthur）公园地区街头商摊的合法化探索以及进行的改善街道日常生活的实验。麦克阿瑟公园地区曾经是有名的度假和艺术家生活的良好社区，商业发达。由于大量移民的进入，无家可归的人增多，毒品泛滥，特别是持续数年修建地铁导致公园关闭，到后来商业萎缩，街头生活消失，这一地区成为典型的美国式衰败地区。米勒认为该地区的衰败与服务设施严重缺乏密切相关。1992 年，他积极参与由市政府、地方商业组织、规划部门、商摊联合组织、地方社区管理等机构联合推动的商摊合法化运动，希望以此来增加该

---

[1] William H. Whyte. The Social Life of Small Urban Spaces.Washington,D.C.:Conservation Foundation,1980:50-53

[2] Sergio Pena.Informal markets organization:Street vendors in Mexico City［D］.Tallahassee:Florida State University Department of Urban & Regional Planning,1999:1-24

[3] John Chase, Margaret Gawford, John Kaliski.Everyday Urbanism.New York, N.Y.:The Monacelli Press, 1999:136-151

地区的活力。1994 年，政府制定了关于街头商摊的条例。条例对经营范围、经营器具的大小、食品的加工、与社区的关系、与座商的关系等都做了详细的规定。1995 年条例获得通过，使该地区成为洛杉矶第一个批准合法街头商摊存在的地方。米勒的观察研究证实,这里的街道生活由此变得丰富多彩，商业发达，犯罪率降低，弱势人群的利益得到保证。但 38 个固定的街头商摊经营摊点显然不够，而且条例中 18 个规定只许卖艺术品，与居民的日常生活有一定的间距，需要各方面进一步协作，研究也需长期进行。

3. 街头零散商摊空间与城市

在很多情况下，街头零散商摊经常被作为导致城市混乱、影响市容的因素而被“斩尽杀绝”，但是管理得当的街头零散商摊往往也是城市空间的一种活跃因素，能够形成多样的空间，提高城市生活环境的质量。

街头零散商摊空间可以增强城市活力。一是使很多“边角料”空间得到充分使用，在城市空间中给人们的活动提供了更多的机会。比如有报摊的公交车站，在此人们可以选择买报、读报、交谈，缓解焦急的无所事事的心态，使这个本来很无趣的空间充满了积极的活动。二是作为聚集的场所。商摊向人流聚集的地段流动，本身也造成了活动的聚集。商摊多的地方往往说明当地的城市空间很有活力，有安全感。商摊在很多情况下与城市交通站网点重合，比如公交车站网、地铁站口网等。分散的零散商摊空间不仅是对商业服务网点有益的补充，而且能促进城市空间中人群和活动的聚集。三是形成了慢行和滞留的空间。城市需要快速流动的交通，而丰富的城市活动更多地来自慢行和滞留，街头零散商摊往往是慢行和滞留的因素。北京胡同里吆喝的游商就十分典型，不仅方便了人们的日常生活，而且整个胡同伴随这吆喝声而活了起来，家家户户出来购物，小孩老人看热闹，购物、休息、聊天等活动使城市空间更加细腻和丰富（图 1-7）。

图 1-7
行走和停留（杨滔摄，2001 年 12 月）

图 1-8
西单商业街冷饮商摊(杨滔摄,2001 年 5 月)

街头零散商摊空间可以丰富城市形态。由于许多街头商摊表达了当地的信息，与特定人群的生活密切相关，自身的经营活动稳定，或者长期固定于某个地点，被人们作为在城市中定位的标志。街头零散商摊往往附属在沿街建筑或构筑物的周围，类似于芦原义信所说的“街道第二轮廓线”，[1]形成了层次丰富的形象。设计得当的零散商摊在城市空间中往往能起到很好的前景作用，能增加空间的层次、色彩，活跃气氛。在大型建筑和空洞的墙前，商摊还能起到暗示人性尺度的作用，在很大程度上改善了空间感觉（图 1-8）。街头零散商摊吆喝的声音，食品商摊上发出的诱人香味，都赋予城市空间更多的含义，吸引更多人在空间逗留。依据 E. 霍尔对声音的空间和气味的空间所作的分析得知，[2]街头零散商摊的吆喝声和气味实际上拓展了空间，使更多的人能够感受它的存在。

街头零散商摊空间使不同的行为以得体的方式呈现。它可以聚集很多具体的人物、物体和活动，形成具有特殊场所氛围的整体形态。商摊的大众化性质使空间具有很高的亲和度。街头零散商摊一般分布在两个不同空间的转折处或空间的角落，其形象、气味和声音等增强了空间的密接性。街头

---

[1] ［日］芦原义信，著.街道的美学.尹培桐，译.武汉：华中理工大学出版社，1989：57
[2] Edward T.Hall. The Hidden Dimension.New York, Garden City: Anchor Books Doubleday & Company, Inc,1969:41-50

零散商摊的场所感来源于不同人群对空间的主观认同，让人感觉“如在家里般的畅快”。另外，街头零散商摊是街头与行人视线交流频繁的空间。从人的行为模式来看，“为了看清行走路线，人们行走时的视轴线向下偏了 10° 左右，实际上只看见建筑物的底层、路面以及街道空间本身当时发生的事情。”[1]因而街头零散商摊对于周围的城市空间具有很大影响。相对于建筑物而言，它们一般是非固定的，形象很容易改变，带有摊商强烈的个人喜好。这种非固定的、个性化的存在更能反映商摊空间的场所特性。

街头零散摊商一般都在社区附近经营，和周围的居民比较熟识，并且和当地街道办事处、居委会等单位的管理人员有所联系。因此街头商摊常常会聚集一些居民，不但购物，而且伴有聊天、寄存物品等活动，呈现当地日常生活的情感。比如外出的居民在回家的路上看到了街头的商摊，虽然它可能是矮小的、琐碎的，但也会有快到家的亲切感觉。商摊的这种感受、记忆和价值，使居民感到“这是我”（I am）。[2]

4. 街头零散商摊的时空特征

街头零散商摊空间可以从时间、空间两个方面分析。从空间分布来看，街头零散商摊往往集中于某些场所，如路口、门道、市街、广场等，呈现出离散性、当地化等分布规律。

---

[1] ［丹麦］杨·盖尔，著.交往与空间.何可人，译.北京：中国建筑工业出版社，1992：56

[2] ［美］凯文·林奇，著.城市形态［M］.林庆怡，陈朝晖，邓华，译.北京：华夏出版社，2001：94-95

时段是指街头零散商摊具有临时性或灵活性，与城市的日常活动密切相关，适应上下班高峰、清晨与夜晚、平时与节假日等生活节奏，符合季节、气候等变化周期。

(1) 离散性

街头零散商摊空间不是均匀地分布在城市所有公共空间内，也不是完全集中在某一处，而是呈离散性分布，成簇地分布于路口、门道、市街和广场这些城市关键的点或"瓶颈"处。一方面，街头零散商摊空间趋向活动聚集的地段；另一方面，它们又吸引更多的活动大众化地接近和使用这些商摊空间。因而街头零散商摊空间在很大程度上激活了城市中的过渡性空间。

(2) 当地化

街头零散商摊空间是城市中地点性很强的场所。首先表现为摊商大部分都是和周围的居民或者当地街道办事处或者居委会有所联系或熟识；其次是商摊空间的经营服务活动与当地的日常生活密切相关，而且能够引发当地的其他活动；再次是商摊空间的布置、色彩、形象与当地的经济社会条件相关联。因而，这些商摊空间对于城市空间的多样性、标志性和安全性都有一定的促进作用。

(3) 人本性

街头零散商摊空间中最主要的人物是摊商。摊商经营产生和激发的是人与人面对面的交往，富有人情味的城市生活由此产生。为方便摊商的操作，零散商摊往往具有人性化的尺度，为适应面对面的交往，又往往具有比较近人的形式。因而对于城市中的某些界面，比如高而光的围墙、巨大空旷的广场、枯燥的街头停车场等，街头零散商摊空间都能起到一定的软化和活跃作用。

(4) 时段性

在不同的时段，比如上班和下班、清晨和夜晚、平时与假日等，都会适时地出现街头零散商摊，从不同角度显示着城市的特色和面貌，成为城市日常活动的一部分。街头零散商摊的增减节奏还因季节、气候的影响而变化。流动的经营服务活动形成流动的城市空间，成为活跃城市生活的重要因素。

很多商摊只在上下班高峰期出现。比如，上班时间，在公交车站、地铁站口、路口等的报摊，居民区中大量临时的早点摊；下班时间，同样的地点会有很多叫卖晚报的小商摊，居民区或者某些单位的出口则有很多卖面食、糕点、熟食、水果的小商摊。

在清晨和夜晚，街头零散商摊可以补充很多大型商业服务设施暂停时的功能。如果强迫大型设施在这些顾客不多的时间段经营是不现实的，小型的、临时的街头零散商摊则可以作为必要的补充。在清晨，大街小巷的早点摊、卖菜摊等非常活跃。早起锻炼的人、买菜的人、上早班的人、下夜班的人等能够方便地购物、吃饭、活动和聊天。虽然噪声影响了居民休息，但是可以通过选择经营地点等方法加以避免。在夜晚，喜欢夜生活的年轻人、外来人员、上夜班的人等，都需要一定数量的街头零散商摊。例如，高校周围零点以后的小商摊很受学生欢迎。这些商摊空间还可以减少夜间街道的不安全感。

在平时与假日，街头零散商摊空间伴随日常生活节奏的变化而改变。以北京为例，双休日没有明显的上下班高峰，地铁站口平日这一时段的零散商摊明显减少。某些居民区以及胡同中卖早点的零散商摊，在双休日会持续更长的时间，很多到十点多钟才撤摊。春节长假，中关村一带的街头零散商摊、报刊亭基本都不营业，而大大小小的庙会则聚集了大量小商摊。五一节和国庆节长假，天安门广场的人民大会堂和历史博物馆前都有新增的零散商摊，各自有 4 个临时搭建的卖饮料、食品、纪念品、胶卷等的蓝色小棚子作为商业服务站，使广场中的人流活动、景观都与平时不同，显得更加丰富多彩，给严肃的天安门广场增添了活泼的气氛（图 1-9）。

街头零散商摊空间随季节与气候的转换而改变商摊的经营内容、地点使城市空间适时变化。典型的例子是王府井和西单商业街的街头食品亭，大约在五月出现，十一月消失，向人们提示着新季节的来临。商业街的尺度、人流活动、空间的布局也随着时间而改变，形成“活”的城市空间，使城市空间丰富、高效和戏剧化（图 1-10）。

图 1-9
平时与假日的街头零散商摊
上图为 2002 年春节厂甸庙会商摊（杨滔摄，2002 年 2 月）；下图为五一节人民大会堂前的商摊（杨滔摄，2002 年 5 月 1 日）

二、北京街头零散商摊现象

如前所述，城市街头零散商摊与城市同步发展，北京作为一座有八百多年历史的古都也不例外。今天的北京是一座特大城市，街头零散商摊成为日常活动的有机组成部分、基本城市功能的灵活补充、各阶层群体交流互动的场所，也是一部分人立足和走向社会的起点。

图 1-10
王府井街头商摊的季节性
上图为冬天（齐洪海摄，2001 年 12 月）；下图为春天（杨滔摄，2001 年 5 月）

（一）现象

商摊是古代北京城市街道生活的活跃因素。从金朝的《卢沟运筏图》桥上和桥边的商摊，元朝的《通惠河漕运图卷》中城门边的商摊，明代的《皇都积胜图》北京市区街道、正阳门、棋盘街和大明门一带的繁华景象中的商摊，清代的《前门街市图》等古代绘画中，可以看到充满活力的各种商摊类型。

北京近代各行各业的商摊难以数计。摊商们挑担、提篮、

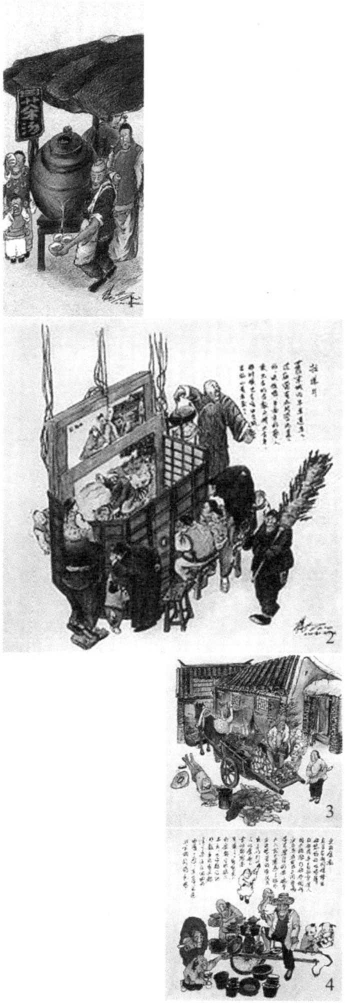

图 1-11
1. 卖茶汤；2. 拉洋片儿；
3. 卖莲藕；4. 卖瓦盆儿
资料来源：京城老行当 [EB/OL].[2006-05-05].
http://www.chinapostnews.com.cn/294/sd01.htm

推车、设摊，每天流动于大街小巷之间，与大众的日常活动融为一体。有卖酸梅汤、卖牛杂碎、卖切糕的小贩；卖糖葫芦的挑子，卖粥摊，卖卤煮火烧的小吃摊；卖油炸虾的推车，卖蜜麻花的推车；锯碗锯盆儿的、焊洋铁壶的、打竹帘子的街头手艺摊等。相关的描述详见各种图片和文字资料(图 1-11)。

今天的北京街头零散商摊数目巨大。工商部门和城管部门都没有具体的统计数据。根据北京市城管办 2001 年查处无照经营 33.9 万件的记录，[1]可见街头零散商摊大量存在，而且无照经营者多。海淀区、朝阳区、丰台区由于是城乡结合部，街头零散商摊较多，而崇文区、宣武区由于下岗职工较多商摊也较多（图 1-12）。

街头零散商摊为北京老百姓带来很多方便。很大一部分北京街头零散商摊空间是自发形成的，还有一部分是一些部门精心策划的，比如街头邮政报刊亭、某些修自行车的摊子等。虽然它们不是规划师或建筑师主导规划和设计的，但是它们在一定程度上方便了市民的日常生活，而且大多数是在比较适合的地段和时间内出现，完善了城市功能。

街头零散摊商选择在城市公共空间中生存，除了解决生计问题，同时表达了自己的存在和接触社会的愿望，激发了更多的人与人交往的社会性活动。北京街头零散商摊空间丰富的地方，大到厂甸的街头庙会，小到一般街头修自行车摊，人气都很旺盛。

[1] 城管监察行政处罚情况统计表（城八区）.北京市城管办. 2001/12

法国记者伊波利特·罗曼报道，“北京为举办2008年奥运会而面目一新。然而，尽管过去的泥瓦房已让位给高层建筑，但流动的小商贩、街头小吃摊商和自行车修理工始终占据着很重要的位置。”[1]这些人包括天安门广场上叫卖风筝的小贩、流动商贩、各种小手艺者、露天修理自行车者、街头理发师、王府井的小吃街的摊商们等，体现了“北京小老百姓灵活、直率”[2]的生活方式，是城市生活所必需的，可以和巴黎街头生活相比较。

图 1-12
北京现代街头零散商摊
上图为高层住宅前的修车商摊；下图为胡同口的报刊商摊（杨滔摄，2001年11月）

（二）管理

街头商摊占道经营的现象严重。“门面前面有棚子，棚子前面有摊子，摊子前面有篮子”。在目前情况下，由于城市管理部门对于主要街道的严格管理，北京255条重点大街[3]和重要地区的零散商摊大大减少了，但还是反复出现，特别在节假日更是如此。

街头零散商摊的管理涉及城管监察、规划、工商、园林、公安交通、市政、环卫等部门。1998年，北京城八区实施城市管理综合执法，2000年扩大到远郊区县，集中行使有关单位的行政处罚权。城市管理监察大队实行以区为主的市、区两级管理。区监察大队所属地区分队实施区监察大队和街道办事处双重管理，区监察大队在执法规范、执法责任制和人事方面对街道分队进行统一管理，街道办事处对街道分队有指挥调度权、日常管理权和人事管理建议权。北京市市政管

[1] 伊波利特·罗曼.幕后的北京.参考消息，2002-04-26（8）
[2] 伊波利特·罗曼.幕后的北京.参考消息，2002-04-26（8）
[3] 京工商发［1999］263号.关于加强对外地来京人员经商和利用违法建设从事经营活动管理的通知（节录）［EB/OL］.［2006-04-29］.http://www.bjcg.gov.cn/lawsearch.bbscs?action=read&idstr=191

理委员会统一负责监察大队业务工作的协调和调度。

街头零散商摊管理主要依据的法规有《城乡个体工商户管理暂行条例》、《北京市临时占用道路管理办法》、《城市市容和环境卫生管理条例》等。[1]区监察组织执行市容环境卫生管理法规、规章规定的行政处罚；执行城市规划管理法律、法规规定的对违法违章建设（不含未按规划许可证规定进行的建设）的行政处罚；依据市容管理法规规定，强制拆除不符合城市容貌标准的建筑物或设施；执行工商行政管理法规、规章规定的对于无照商贩的行政处罚；执行城市绿化管理法规、规章规定的行政处罚；执行道路交通管理和市政管理法规、规章规定的对侵占城市道路的行政处罚；执行环境保护法律、法规、规章规定的行政处罚；行使法律、法规、规章和市、区两级人民政府赋予的其他职能。[2]

（三）问题

街头零散商摊是一种社会现象，在一定程度上它是城市功能的有效补充，既可增加社会就业的机会，又有利于社会的稳定和安全。另一方面，它也会带来噪声、有碍市容、违法经营等负面影响。因此，对待商摊问题需要慎重。

1. 社会偏见

街头零散商摊往往给人影响市容、污染环境和扰民的印象。为了美化市容，一些部门希望将自发的街头零散商摊集中起来室内化，对于非法街头零散商摊打击取缔，或者规定某某

---

[1] 北京市城管法规规章文件汇编（一）.北京市城市管理监察办公室2001年12月，116-173

[2] 京政办函［1999］110号.关于本市城市管理综合执法试点工作扩大区域的通知［EB/OL］.［2006-05-04］.http://www.bjcg.gov.cn/flfg/t20050627_116894.htm

大街不允许街头零散商摊的出现。这些部门和某些街头零散商摊之间“猫捉耗子”的游戏从未停止，取缔街头零散商摊的同时也影响了市民的日常生活，减少了街头生活的丰富感受。

市民对于街头零散商摊“爱恨交加”。一方面街头零散商摊的经营和老百姓的生活非常接近。比如小报摊、小菜摊、修鞋摊、水果摊、早点摊等，不可能完全被大型超市和百货商店所取代。《北京晚报》曾报道过市民找不到修车点的难堪，“从公主坟到国贸7000米的平安大街上没有一个修自行车的摊点”，使人们产生“修车铺的减少不知道是城市的进步还是后退”的疑惑。[1]北京2000年缴税的自行车就近1000万辆，相关部门却认为修车摊影响市容，为修车铺划地为摊，这种做法显然不甚恰当。另一方面，也有不少人认为街头零散商摊影响了市容和交通，和举办奥运会的北京城市面貌不协调。有些市民认为街头零散商摊太嘈杂，气味大，影响了生活质量。

街头零散摊商与政府一直处于博弈状态。政府为了市政建设的最优化，禁止摊商的存在。由于打击给政府带来的收益相对于成本来说是非常小的，所以政府也只能在偶尔的市容检查、大型活动期间取缔一些商摊，[2]因而在博弈中，街头零散摊商处于优势地位，最后的均衡状态是：街头零散摊商摆摊，而政府则睁一只眼闭一只眼。这表明，政府禁止摆摊不符合“纳什均衡”。[3]

---

[1] 肖名焰.自行车王国缘何少了“修理工”.北京晚报,2002-03-10(6)

[2] 赵英军，黄华侨.地摊背后的博弈.商业经济与管理，2000，108(10)：13-15

[3] 中国内部审计协会网.约翰·纳什的“纳什均衡”理论：诺贝尔经济学奖经典理论选编[EB/OL].[2006-05-04].http://www.ciia.com.cn/news/shw1.asp?id=1284.纳什均衡指的是这样一种战略组合，这种战略组合由所有参与人的最优战略组成，也就是说，给定别人战略的情况下，没有任何单个参与人有积极性选择其他战略使自己获得更大利益，从而没有任何人有积极性打破这种均衡。

2. 管理经营

城市空间产权界定的不严格导致寻租。城市空间属于国家公有，政府可以决定这些公共空间的用途，如果有可能和必要的话，可以把所有的使用权限列举出来，并且严格维护每种规定。但是只有在某些地租价值或潜在价值相当高时，政府才会清晰而严格地界定公共空间的各种权利。不管怎么细致划分，总有一部分产权会落入公共领域，这就为街头零散摊商寻租提供了基础。[1]

街头零散商摊的管理存在条块分割。城市管理监察组织下的基层组织是区监察街道分队与街道办事处以及居委会，街道办事处可以直接指挥城管支队，但是区监察街道分队的资金又是与区监察大队相关的，这种“两级政府，三级管理”、“双重管理”的结构使管理运作不顺。城管支队也不愿受街道办事处的指挥。

管理部门往往觉得，现代化城市就应该有点“气派”，而街头零散商摊会影响市容，妨碍交通。相关的清理整顿会牵扯和影响街头零散商摊的生存。有时一条街要还路于民，上百个街头零散商摊便就此消失。工商部门认为大部分街头零散商摊无照经营，应该彻底取缔。少部分有营业执照的零散摊商，对无照经营的竞争很有意见，工商部门难以调解他们的矛盾。城市规划部门认为摊商既给人们生活带来了方便，也影响了市容、交通和生活（噪声），需要“退路进厅”。[2]可见城市相关部门

---

[1] 赵英军，黄华侨.地摊背后的博弈.商业经济与管理，2000，108（10）：13-15

[2] 崔兰英.走符合市场发展规律的治理之路：关于“马路市场”问题的研讨综述.北京规划建设，1996（5）：39-40

对个体街头零散商摊“整”的时候多，“帮”的时候少。[1]

城市管理监察部门负责对违法街头零散商摊的管理和处罚。他们认为管理街头零散商摊很难，一方面街头零散商摊流动性很强，管理不便；另一方面有很多摊商是困难户、下岗职工，甚至是残疾人，很难处理。因而疏导结合是目前较为现实的办法，对于所谓的违法街头商摊的管理也不是很严格。

3. 弱势群体

北京街头零散摊商中外来人口和本市低收入者所占比例巨大。国务院前总理朱镕基在2002年的政府工作报告中首次并多次提到城市中的弱势人群。[2]城市低收入者就是城市中的弱势人群之一。2001年初，北京下岗职工7.45万人，全年城镇登记失业人员共有17.28万人，[3]相对贫困人口约12%。低收入者急需更多的就业岗位。街头零散商摊经营门槛低，对于文化水平不高、没有多少积蓄、年龄又偏大的弱势人群是一种较好的谋生立业选择。2001年，在京居住半年以上的外来人口262.8万人，[4]这部分外来人口中有相当一部分是低收入者。街头零散商摊也是他们认识北京、被北京认同的主要手段。

很多社区中的街头零散商摊带有社区服务的性质，拥有固定的消费群体。一些需要帮助的社会群体是通过商摊经营在社会立足的，比如北京某公益广告中就是残疾人通过摆书

---

[1] 百合.个体户数量为啥下降.人民日报，2001-08-27（9）

[2] 何磊.弱势群体：总理说的是哪些人.中国青年报，2002-03-07（5）

[3] 北京统计信息网.二十五、就业与保障：就业基本稳定保障逐步完善［EB/OL］.(2001-06-03)［2006-05-04］.http://www.bjstats.gov.cn/ztlm/shjjtj/200207030109.htm

[4] 北京市统计局.北京市2001年外来人口动态监测调查数据公报［EB/OL］.(2002-01-23)［2006-05-04］.http://www.stats.gov.cn/tjgb/qttjgb/dfqttjgb/t20020404_16777.htm

报摊而获得了新生的力量。允许摊商的存在也是社会给予他们的福利。

街头零散商摊促使摊商拥有社会责任感，而不是漠视社会，甚至与社会为敌，这样有利于建立良好的社会秩序和形成安定的社会环境。对于下岗职工，他们会感觉自己还没有被社会抛弃，还能为社会尽义务；对于外来人口，他们会感到自己能被这个大而陌生的城市所接受，从而会为这个城市尽责任。

三、北京街头零散商摊形态

（一）路口

街头零散商摊的分布密度与人流的多少呈正比的关系，人流量大吸引更多的零散商摊，更多的零散商摊又能吸引更多的客户。路口一般是人流汇集的地方，往往因有交通灯而人流速度减慢，自然是零散商摊创造商机的好地方

1. 城市干道与城市支路路口

城市干道转向城市支路的路口，车辆的速度由快变慢，行人转离汽车繁忙的交通干道，心理感觉也发生了变化。这种路口有四种状况：人行横道路口、信号灯路口、过街天桥路口和地下通道路口。

人行横道路口：如北三环中路与路北某支路的路口处，人行横道上对称分布了一个食品亭和一个报刊亭，形成了三角形的商摊空间。空间中的活动有卖报纸、卖零食、临时寄存物品、居民和摊商聊天等，它成为了附近居民心中的地标，具有“门”的作用，使路口具有了特定的意义（图 1-13）。

信号灯路口：信号灯的设置主要是对车流进行指挥和管

理，附带对人流和自行车流进行管理。一些信号灯路口是自行车、人流聚集的地方，吸引商摊聚集。例如，在三里河路和百万庄大街相交的路口处有两个报刊亭、一个报摊，报刊亭之间是自行车停车场，路口拐角处的住宅底层是小商店，和报刊亭间隔一块绿地。两个报刊亭和人行横道也有一定的对位关系。这样，报刊亭、报摊、人行横道、信号灯、行人之间产生了内在联系，形成了一个九十度哑铃形的商摊空间形态。既有行人顺便买报、打电话，也有行人在等待信号的间隙顺便看报，还有附近居民溜达时看看报，聊聊天。这些商摊缓解了行人等待间隙的焦急或无聊，对路口交通的影响也不大。有的商摊分布在路口拐弯弧线和两个人行横道连线构成的弓形区域内。比如车公庄大街和三里河路的路口，商摊在这里的弓形区域内经营，形成一个联系信号灯、人行横道的空间，有时商摊也会影响车辆交通的视线（图 1-14）。

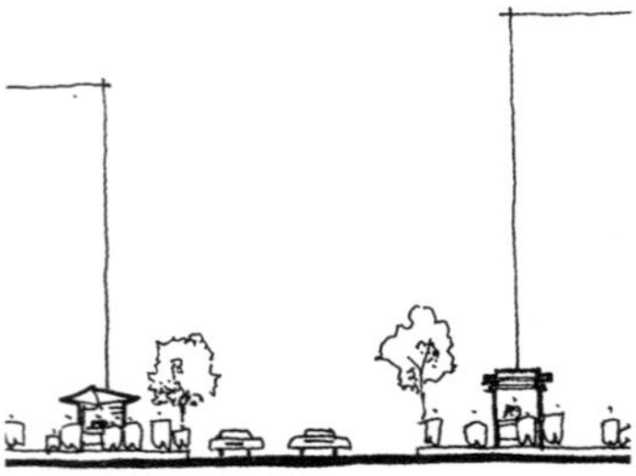

图 1-13
干道与支路路口的商摊（杨滔绘）

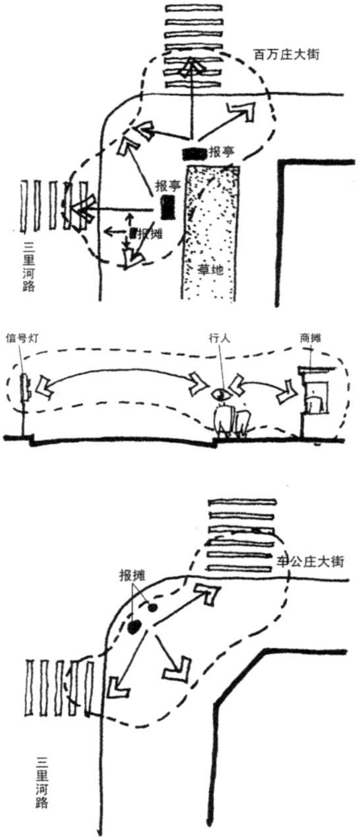

图 1-14
有信号灯路口的商摊（杨滔绘）
上图为三里河路路口一
中图为信号灯、行人和街头商摊
下图为三里河路路口二

过街天桥路口：过街天桥一般设于街道较宽、车流量较大的路口以解决行人交通。商摊在这种特定路口的分布有三种：上桥处、桥上和桥下人行道。

过街天桥本身就是一种空中的路口。现在在过街天桥上摆摊设点是被禁止的，但仍然有商摊不时出现在过街天桥上，屡禁不止。如果对过街天桥上的商摊能够实施妥善有效的管理，商摊也能成为街道空间的人性化因素。如果对商摊进行引导，并且精心设计，过街天桥空间会丰富，气氛会活跃，会减少危险因素，摊商也成为过街天桥的看管人。中国香港的过街天桥与商业结合的例子也很多，西单的空中走廊的小型商业也是来源于这种模式。

北三环西路和科学院南路交叉口处东面的过街天桥上桥处有一个报刊亭，形成了一个联系地面人行道和过街天桥踏

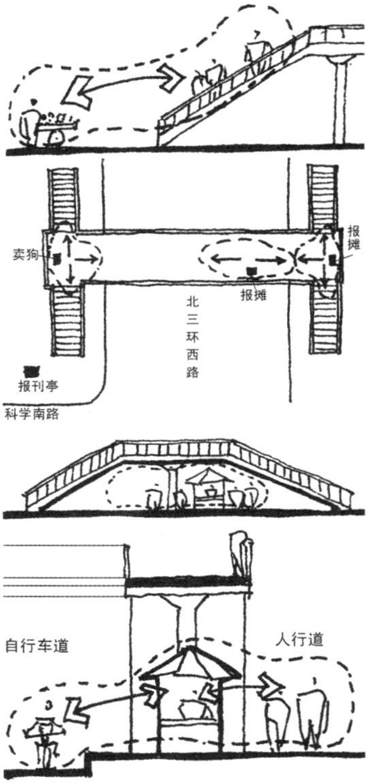

图 1-15
过街天桥的商摊空间（杨滔绘）
1. 上桥处；2. 桥上；3. 桥下；4. 活动。

图 1-16
地下通道入口商摊空间
上图为实景（杨滔摄，2001 年 12 月）；
下图为分析（杨滔绘）

步的斜向上的空间。报刊亭本身的形式和淡蓝的色彩提示了行人上桥，上下桥的行人可以看报、买报、问路等。

天桥北端有一个卖狗的商摊，南端是卖报纸的商摊，限定了空中的人行横道。行人看狗、买报的活动形成了活跃的端头，使单调的过街天桥变得有生气（图 1-15）。

地下通道路口：地下通道和过街天桥的作用类似，只是比过街天桥更加封闭，更加内向。商摊在地下通道的分布也分为三种：入口正面处、入口侧面处和地下通道内。

前门东大街和天安门东侧道路的路口地下通道，东出口正对着两棵树和远处正阳门的侧面。元旦期间有七个卖地图的集中在出口处，树下是卖糖葫芦的，不远处是两个卖手工艺品的。摊商在台阶上吆喝，五颜六色的小商品使地下通道出口变得丰富多彩。虽然有些拥挤，但是人们能感受到出口台阶、地面的活跃气氛（图 1-16）。

前门大街牌坊西侧的地下通道，东入口侧面有个卖花的亭子，还有公用电话、卖电话卡以及小工艺品的商摊等，使地下通道与人行道相交的薄坎变成了可以接近的软性边界，形成了狭长的商摊空间，人行道变得曲折有致。西长安街和西单北大街路口过街地下通道出口的侧面则是另一种情形。有不少流动商摊沿出口侧面对面的绿地一字排开，其中卖中国结的商摊就有十一个。这些商摊形成了一个生动的滞留空间，暗示着地下通道的存在（图 1-17）。

天安门附近的一些地下通道端头有收费公厕，较为频繁的行人吸引许多摊商设商摊于通道中。这些商摊改变了毫无生机的通道空间，地下通道传递的信息是无须警察巡逻的安全感。在多数情况下，很多地下通道不可能改变成为地下商场，因而少量商摊的存在对于改善通道的环境是有益的。有时地下通道还会出现一些卖字画、小工艺品的商摊，色彩丰富的字画和工艺品、摊商、观看的人群、讨价还价的声音等都给人一种通道是可以停留的感觉，而不是需要匆匆离开的急促感（图 1-18）。

2. 城市支路与胡同路口

北京旧城内有很多城市干道（支路）和胡同的交叉口，聚集了大量的商摊。这种路口可分为比较繁华的城市支路(干道)交叉口和不太繁华的城市支路（干道）交叉口。西四北大街比较繁华，与西四北二条胡同相交的路口有三个商摊，一个卖糕点食品，两个卖草莓，分布在大街人行道与胡同的相交处，形成向人行道两侧扩张的商摊空间，以招揽更多大街上的行人。当与胡同相交的城市干道（支路）很繁华时，商摊还会向胡同内延伸。比如前门大街与西河沿街、西打磨厂街的路口，各种类型的商摊至少向胡同内延伸了 15m（图 1-19）。

阜成门内大街不太繁华，与宫门口西岔胡同的路口有一个报摊。为社区服务的报摊背靠胡同内四合院外墙，形成内敛的空间，加强了胡同的领域感。报架为斜靠在墙上的细竹编织网，上面方方正正地摆放着各种花花绿绿的报纸，为灰墙的转折处增加了色彩并呈现出当地的生活特征（图 1-20）。

3. 胡同与胡同路口

胡同是北京旧城的生活性街巷。胡同摊商大部分是游商，经营与居民日常生活密切相关的项目，如早点、糕点、水果、糖葫芦、藕煤或修自行车等。胡同商摊往往聚集在胡同和胡同的交叉口上，商摊活动使大段灰色砖墙形成的胡同有了生机。胡同与胡同路口包括十字路口、丁字路口、L 形路口等类型。

什刹海的新开胡同、后马厂胡同和景尔胡同形成的胡同十字路口，4 个转角分布着两个卖面食的商摊、两个卖水果

图 1-17
地下通道边的商摊空间
上图为实景（杨滔摄，2001 年 12 月）；
下图为分析（杨滔绘）

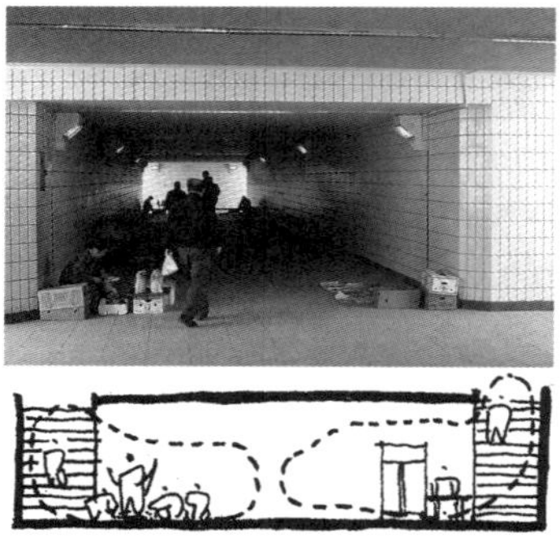

图 1-18
地下通道内的商摊空间
上图为实景（杨滔摄，2002 年 4 月）；
下图为分析（杨滔绘）

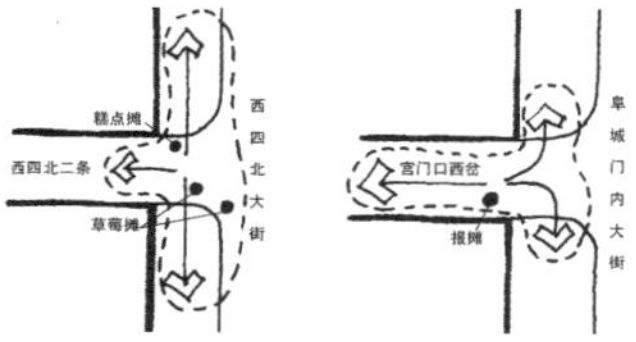

图 1-19
路口地方地标的作用
西单某路口和阜城门内某路口（杨滔绘）

图 1-20
地方地标（杨滔绘）

的商摊、一个卖糖葫芦的商摊和一个修铁器补锅的商摊。其中一个用小卡车经营，其他的用三轮车经营。这些商摊吸引了一些居民前来购物、观望，小孩绕着跑来跑去，游闹嬉戏，还有中年人和老年人在周围溜达、聊天。十字形商摊空间给灰色而单调的胡同路口空间增加了一个层次，使硬边界变成了软边界，并成为各个胡同的对景和界定（图 1-21）。

白塔寺地区的某个胡同丁字路口，有一个煎饼摊和一个水果摊。两米多宽的胡同略显拥挤，骑自行车的居民得减速小心翼翼地通过路口。即使如此，仍不时有居民前来购物。调研中发现，两条宽度差不多的胡同形成的丁字胡同口，商摊最有可能选择点 a 处（图 1-22）。

白塔寺地区的某个 L 形路口也是商摊愿意停留的地方。有一个推三轮车卖糕点的商摊大部分时间都在此停留。在 L

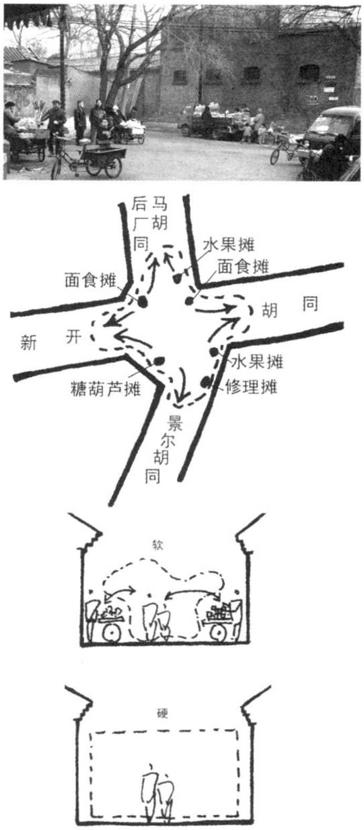

图 1-21
什刹海地区某胡同口的商摊空间
上图为实景（杨滔摄，2001 年 11 月）；中图和下图为分析（杨滔绘）

图 1-22
丁字形胡同口
左图为实景（杨滔摄，2001 年 12 月）；右图为分析（杨滔绘）

形路口，商摊形成了对景，也暗示了胡同的转折（图 1-23）。

图 1-23
L 形胡同口
上图为实景（杨滔摄，2001 年 12 月）；下图为分析（杨滔绘）

（二）门道

交通站口、公共建筑入口、大院入口等门道处常有大量活动聚散，零散商摊很多，形成城市过渡空间。街头零散商摊在一定程度上整合了门道处的聚散活动。

1. 交通站口

(1) 公交车站 公交车站是人群流动、停滞聚集的空间，是商摊分布较多的地方。这些商摊在特定公交车站形成自发性的布点：一是在公交站牌和公交车之间的空间内，二是在公交站牌的后面。商摊补充和整合了公交车站的功能和周围环境。

104 路美术馆站的小商摊经常在公交站牌和公交车之间的空间内活动，有时是推自行车的卖报商摊，有时在垃圾桶、座椅处经营。总有人围着这些商摊看报、买报或者挑选东西来打发等车的时间，也有人向摊商打听行车路线。商摊的报刊、食品或者饮料等，都能转移等车人焦急不安的心情（图 1-24）。

54 路前门站的公交站牌布置在自行车道和机动车道隔离带上的一排站牌中。有一个报刊亭、三个三轮车的报刊摊常年待在公交站牌后面和自行车道的空间中，有的自行车报刊摊也摆在这个领域内。站上等车的人、自行车道和人行道上的行人不时过去买报，扫地的工人常顺便和摊商聊天，形成从公交站牌向自行车道、人行道延伸的商摊空间（图 1-25）。

图 1-24
公交站边的商摊空间一
上图为实景（杨滔摄，2001 年 5 月）；下图为分析（杨滔绘）

302 路双秀园站的公交站牌在人行道上，站牌后靠围墙处有一个报刊摊，与站牌的距离约 2 米。等车的人和行人都能方便地买报、看报，商摊和公交站牌限定的人行道部分形成了商摊空间（图 1-26）。

717 路黄庄站的公交站牌在隔离带上，人行道上有个报刊

图 1-25
公交站边的商摊空间二
上图为实景（杨滔摄，2001 年 12 月）；下图为分析（杨滔绘）

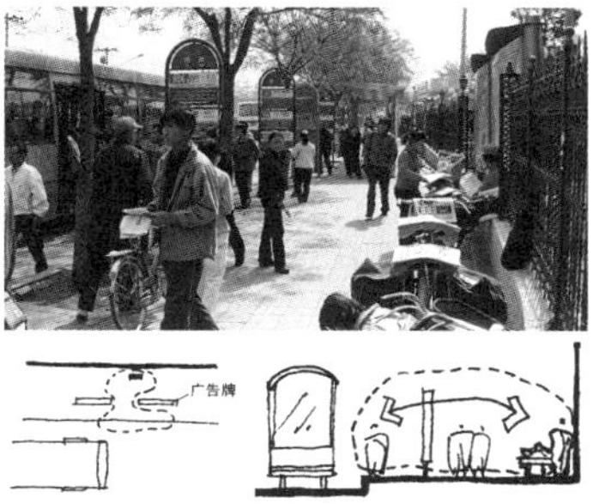

图 1-26
公交站边的商摊空间三
上图为实景（杨滔摄，2001 年 4 月）；下图为分析（杨滔绘）

图 1-27
公交站边的商摊空间分析（杨滔绘）

图 1-28
西直门地铁站口商摊空间（杨滔绘）

亭紧靠自行车道面向站牌，是通过自行车道向公交车站开放的商摊空间。375 路清华园站的公交站牌也在隔离带上，人行道上的报刊亭设在凹角处，是人行道、自行车道向公交车站伸展的商摊空间（图 1-27）。

(2) 地铁站口　地铁站口是地铁空间和城市地面公共空间的交接点，也是人流大量集散的地点，向来是摊商看好的经营场所。对地铁二环线 18 个地铁站口的调研表明，除前门站和雍和宫站没有较为固定的商摊外，其余的地铁站口均有较为固定的商摊，主要有 19 个书报亭、9 个书报摊和 5 个食品亭。在上下班高峰期还有不少流动的书报摊和食品摊等。

商摊在地铁站口的整体分布不均匀。人流较多的枢纽站、换乘站、邻近大型公共建筑的站点，商摊也较多，比如西直门和东直门枢纽站、北京火车站、复兴门地铁站等。商摊在地铁站口的分布分三种：联系地面和坡道的斜坡商摊空间、背靠地铁站口侧墙的商摊空间，以及联系地铁站口和自行车道的商摊空间。

西直门、鼓楼大街、安定门、东直门、和平门、复兴门等地铁站口形成了联系地面和坡道的商摊空间。如西直门西北地铁站口的地面有三个较为固定的商摊，即一个食品亭、一个报亭和一个报摊（图 1-28）。出入地铁站口的行人匆匆忙忙买报、买食品饮料、打电话等，地面上的活动和下面站口通道的不间断活动，形成联系地下和地面空间的商摊空间。这些食品亭和报刊亭与地铁站口相距 4~5 米，对于交通影响不大，适当的滞留所引发的各种活动反而使地铁站口显得富有变化，为地铁乘客造成富有人情味的站口印象。

积水潭地铁站东北站口形成了背靠侧墙的商摊空间。两个报摊色彩斑斓的报刊亭斜靠在墙上，与进出地铁站口的人流方向吻合，在近墙处形成了一个可以接近的软空间（图 1-29）。东南站口的侧墙前有一个非常大的红色报刊亭，具有强烈的标志性，对于某些行人来说，红亭子就是这一地铁站的代表，它吸引行人和乘客不时在周围停留，浏览报刊或观望等待。

南二环上的地铁站口大部分布置在城市道路的绿化隔离带上，形成联系地铁站口和自行车道的商摊空间。比如宣武门地铁站东北出口的报刊亭位于靠近地铁站口的人行道上。（图 1-30）这里是人流和自行车流的交点，对于人行道上的行人和自行车道上的骑车人都暗示了地铁站口的存在。北京站地铁站东南出口、和平门东南出口附近有自行车停放处，商摊联系了停车空间和地铁出入口，摊商兼做自行车的管理人。

2. 公共建筑入口

(1) 商业娱乐建筑入口　对当代商城、甘家口商场、新街口商场、天桥百货商场、百盛商场、SOGO 等地区级商场的调研表明，这些商场入口前的空间都有为数不少的商摊，它们能够密接商场入口和街道，帮助人们消磨等待同伴的时间，丰富街道活动。

当代商城和天桥百货商场有较大的入口场地。当代商城入口周围是大片停车场，人行道与停车场之间的绿地使入口完全与街道隔离，车进车出，很少有人活动。入口的西南、西北角各有一个书报亭，联系着停车场和商场的出口，在一定程度上活跃了空间气氛。天桥百货商场则是另一种景象，入口前的两片草坪周围布满了各种各样的商摊：一个报亭，两个报摊，两个修表摊，一个修首饰摊，两个糖葫芦摊，一个食品公话摊，一个修车摊，一个称体重的摊，而十几个卖羊肉串摊围成了一个小场子（图 1-31）。由于这些商摊与街道密接，人们很愿意从这里溜达到商场中。尽管有些混乱嘈

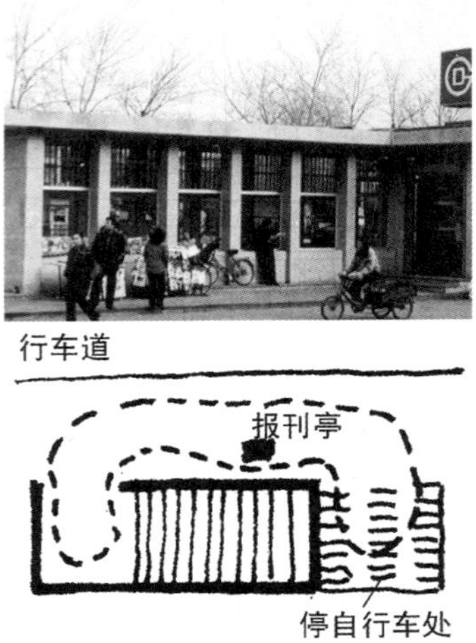

图 1-29
积水潭地铁站口商摊空间
上图为实景（杨滔摄，2001 年 11 月）；下图为分析（杨滔绘）

图 1-30
宣武门地铁站口商摊空间分析（杨滔绘）

杂，但与单纯的停车场入口空间比较，商摊空间驻留了很多市民，增加了商场前广场的人气。

新街口商场三个入口空间都靠近道路红线，紧贴两米多宽的人行道，略微显得局促。入口前共有四个流动的报摊，吸引了进出商场的人和行人买报、看报或驻足，在狭长的入口处形成了三个相互交叠的商摊空间。甘家口商场入口前空间稍大，有一排花坛，沿花坛停放了一排小汽车，入口附近有两个报摊，一个烟摊，正门口是长长的糕点促销摊，吸引了不少人观望或购物，商摊空间密接了线型的停车空间和入口及人行道。百盛商场南入口有意识地设计了休息等待的空间，两排座椅正对入口，旁边是一个报刊亭和一个报摊，休息、购物、闲看交织在一起，商摊空间使人行道、休息区和商场入口连在一起（图 1-32、图 1-33）。

(2) 医院 医院前因为看望病人的活动，产生了特殊种类的商摊。病人在医院里，就有看望病人的活动，因而入口前也应运而生了一些特殊种类的商摊，有卖水果的、卖鲜花的、卖

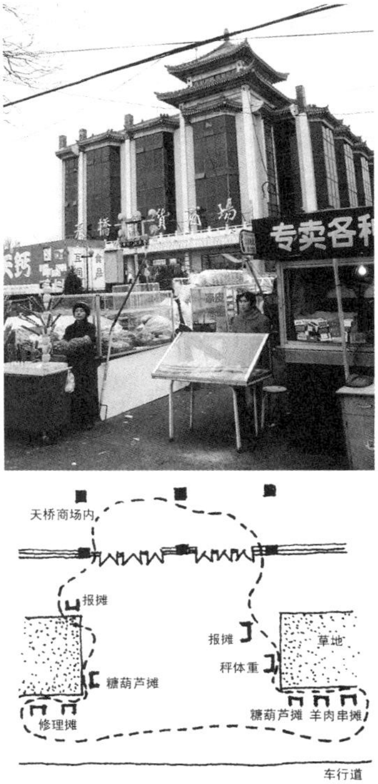

图 1-31
天桥百货商场入口商摊空间
上图为实景（杨滔摄，2001 年 11 月）；下图为分析（杨滔绘）

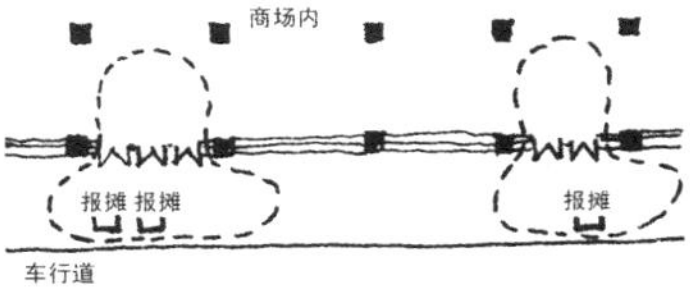

图 1-32
新街口商场入口商摊空间分析（杨滔绘）

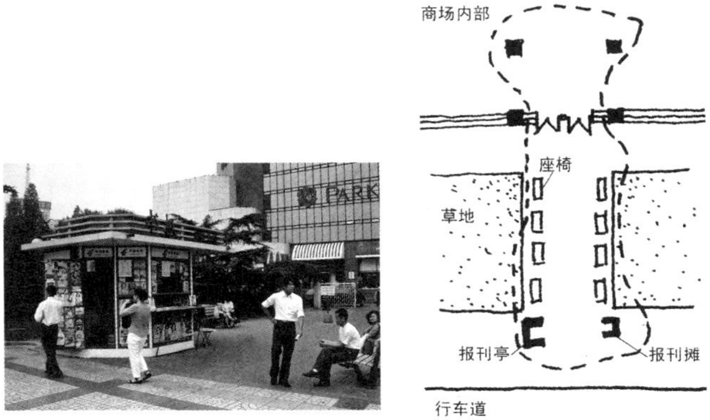

图 1-33
百盛商场入口商摊空间
左图为实景（杨滔摄，2001 年 5 月）；右图为分析（杨滔绘）

小吃的，等等。比如积水潭医院前就分布了五个卖水果的商摊，两个卖鲜花的商摊（图 1-34）；宣武门医院前有一个卖糖葫芦的，一个卖鲜花的；护国寺中医医院有两个卖水果的，一个卖糕点的；儿童医院前有三个水果摊，一个报摊。尽管这些商摊流动性很强，所形成的空间也不太确定，但在一定程度上满足了某些探望病人的人和某些病人的需要。水果、鲜花不管在形象上还是气味上都给入口空间带来生机，对病人的心情也有益处。

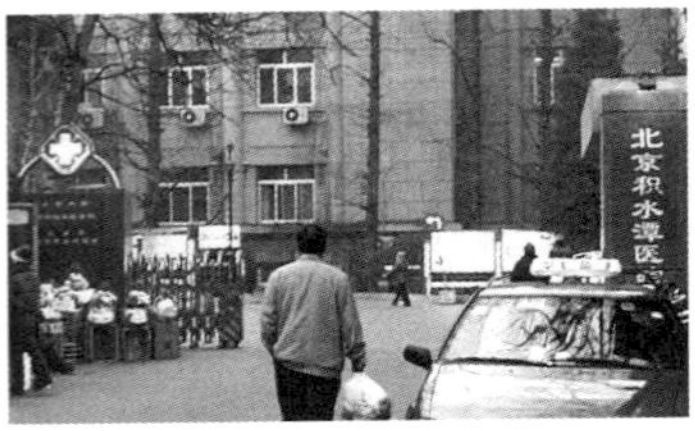

图 1-34
北京积水潭医院入口商摊空间实景
（杨滔摄，2001 年 11 月）

3. 大院入口

单位大院是体现北京城市的特色空间之一，现在大部分城市公园和居民区仍然采取大院的形式。机关大院入口一般禁止摆摊设点，间或有零散商摊在附近停留，没有形成典型的商摊空间。

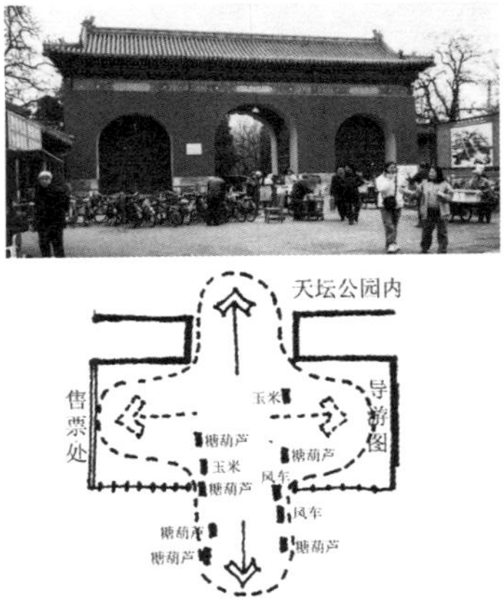

图 1-35
天坛公园东入口
上图为实景（杨滔摄，2001 年 12 月）；
下图为分析（杨滔绘）

城市公园入口的零散商摊比较集中，通常叠合成夹道型的空间。比如天坛东门外聚集了十个商摊，其中有六个卖糖葫芦的、两个卖老玉米的、一个卖水果的、一个卖风车的。这些商摊联系着院内和院外的购票、看导游地图等活动，形成了热闹的十字形空间（图 1-35）。北海公园东入口则聚集了三个卖手套和帽子的零散商摊，使门前单调的停车场有了生气。圆明园南门由栅栏围成了入口广场，栅栏的几个入口边设有卖胶卷、饮料的小商亭，明显地暗示了入口（图 1-36）。虽然商亭的形式不太理想，但是能够烘托中心雕塑，并使长长的栅栏边聚集了几处活动，打破了漫长栅栏的无趣。零散商摊空间与公园入口的雕塑、绿化、售票、铺地等整合考虑，往往会取得良好的效果。

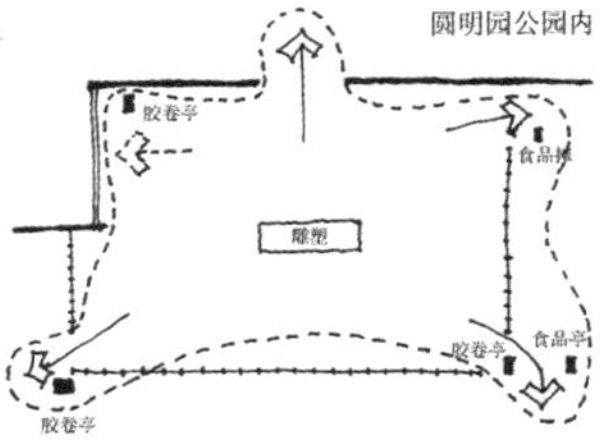

图 1-36
圆明园南入口分析（杨滔绘）

榆树馆西里居民区某入口有三个水果摊、一个修理摊、一个冷饮摊和一个报摊（图 1-37）。商摊全部紧靠入口第一幢住宅楼侧墙，对面是路边停车位，形成围绕居民区宣传栏的空间。居民不时进进出出，随意购物和停留，商摊空间成为了联系住宅区内外的介质，使入口发生了热闹的活动，也起到一定的保安作用。

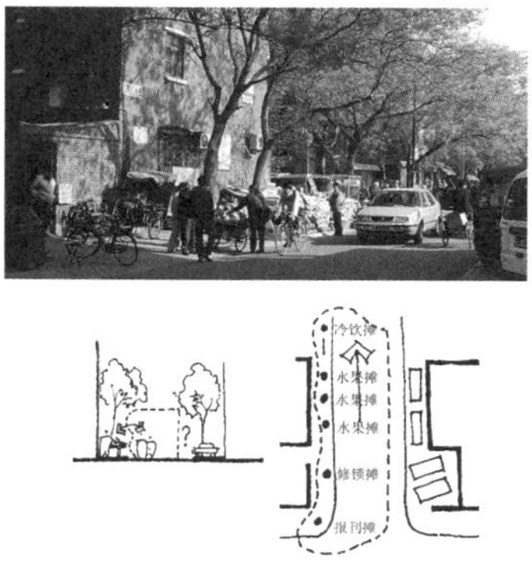

图 1-37
榆树馆西里居民区入口
上图为实景（杨滔摄，2002 年 4 月）；下图为分析（杨滔绘）

（三）市街

两侧都是商业性建筑的街道构成了市街。商摊的存在是形成闹市街的重要原因之一。市街上的商摊能够吸引更多顾客，在一定程度上成为体现市街空间人气的指数。

1. 连续店铺街

连续店铺形成繁华的市街，吸引大量的人流，成为区域内或全市范围内的购物中心。商摊在其中的分布有镶嵌式、对称式、居中式三种形式。

前门大街连续店铺周围的商摊呈镶嵌式分布（图 1-38）。胡同与前门大街的交点形成连续店铺界面的 15 个断点，每个断点处都有小商摊，如卖报纸的、卖百货的、卖服装的、卖食品饮料的等等。某些商摊的构筑物连接两侧的店门，延续了前门大街的立面，形成镶嵌在街道连续店铺中的商摊空间。

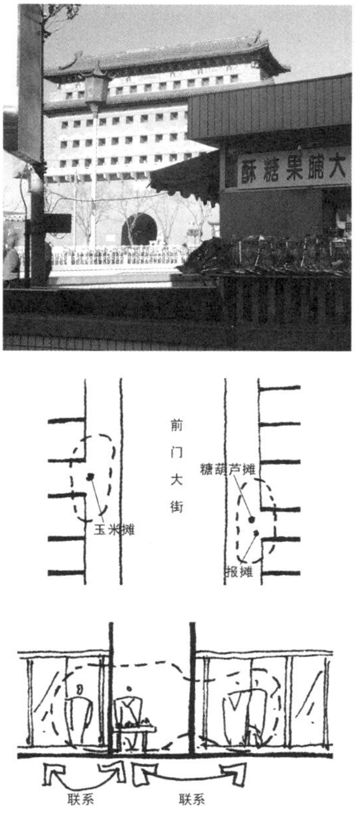

图 1-38
前门大街街头零散空间
上图为实景（杨滔摄，2001 年 11 月）；中图和下图为分析（杨滔绘）

天桥南大街人行道的商摊空间与店铺对称分布。这条街边的小店、餐馆很多，不少小店的经营已经延伸到人行道上。店前对面多为商摊，包括地摊，三轮车设摊，桌椅设摊，甚至是用绳子在街道上空拉的广告。人行道的单侧购物活动，变成了两侧购物，形成了狭长的、商摊与店面对称分布的商摊空间（图1-39）。尽管3米多宽的人行道中间只余1米多供人通行，还是有很多人愿意从中经过。

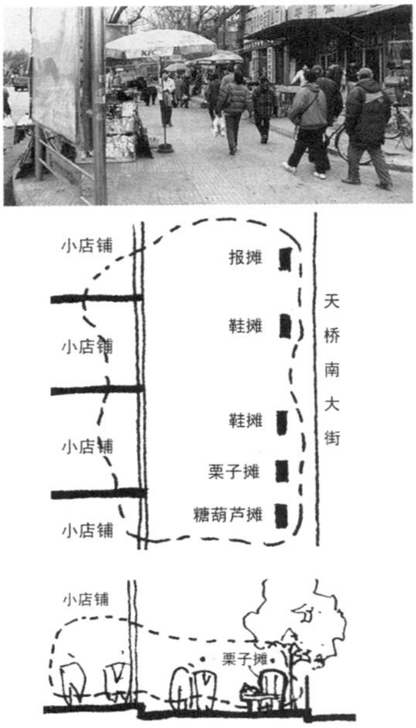

图1-39
天桥南大街街头零散商摊
上图为实景（杨滔摄，2001年11月）；中图和下图为分析（杨滔绘）

隆福寺的服装街和大栅栏附近的步行街中央不时出现一些小商摊，主要经营食品饮料（图1-40）。这些商摊与店面的经营内容互补，一方面联系两侧的店面空间，另一方面对窄长的街道空间进行了划分，形成小的人气点和视觉中心。

图1-40
大栅栏服装街街头零散商摊
上图为实景（杨滔摄，2001年12月）；下图为分析（杨滔绘）

2. 大中型商业街

北京大中型商业街中一般管理严格，禁止一般的小商摊随地经营。即便如此，在这些商业街中仍然可以发现商摊空间。商摊的存在可以有效地弱化周围大体量商业建筑、大面积停车场（包括自行车）形成的非人性的空间尺度和气氛。

王府井商业街上的东安市场、百货大楼、好友世界商场等都是大体量商业建筑，构成了街道界面的主要部分。商业街中12个各具特色的饮料食品亭布置在这几幢大建筑前面，吸引了很多顾客购物、驻足、休息等（图1-41）。与沿街设置的路灯、座椅相比，饮料食品亭强化了街道空间的活动划分，成为更具活力的景观点。从道路断面看，步行街分为三个部分，饮料食品亭位于街道中间，如东安市场前的三个饮料食品亭带动了200多米长、只有三个出入口的建筑立面前的活动，减弱了东安市场过大的体量感，突出了空间的人性尺度。商摊空间在某种意义上使步行街的热闹活动延续不断。

西单商业街上有西单商场、西单购物中心、西单赛特商城等大型的商业建筑。与王府井商业街不同，西单北大街的车行道将两侧的建筑彻底分隔开。尽管有过街天桥和过街商业廊连接街道两侧，人们依然在街道单边购物。在人行道上设置的饮料食品亭，连接人行道与商业建筑底层商店，形成相互渗透的商摊空间，大大减弱了街道单面购物的不协调感，也弱化了机动车对人行道的视觉和听觉的影响，使整个街道尺度更为人性化（图 1-42）。

图 1-41
王府井商业街中的商摊空间
上图为实景（杨滔摄，2001 年 5 月）；下图为分析（杨滔绘）

海淀图书城步行街的入口停车场和商摊空间的关系较为典型（图 1-43）。步行街内禁止摆摊设点，而入口的南面有很大一片机动车和自行车停车场。入口与自行车停车场之间有四个商摊：一个卖糖葫芦的，一个卖栗子的，两个卖饮料食品的。汽车停车场和自行车停车场之间有一个报刊亭和一个报摊。商摊空间成为商业街和停车场之间的过渡，停车场也多了几分人气和活力。

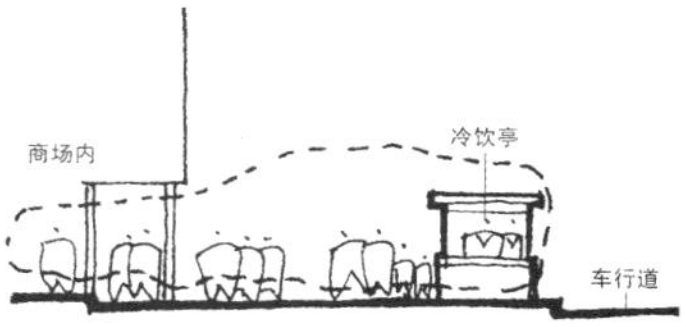

图 1-42
西单商业街的商摊空间分析（杨滔绘）

（四）广场

广场是典型的城市空间类型，具有硬质界面和开放的形态以及不同的使用功能。天安门广场是政治性广场；西单广场是商业性广场；旧城中的某些开敞空间，比如大栅栏地区樱桃斜街、铁树斜街尽端的小型空地，类似于生活性广场。

1. 天安门广场

天安门广场是最具代表性的政治广场，边界是四条交通主干道。由于举办全国性大型活动的需要，广场尺度巨大、空旷，连灯具都体现了相应的大尺度。广场管理十分严格，只有八个照相的商摊是天安门管理委员会确认的合法商摊。八个照相商摊是广场上的少数小尺度构筑物，其中六个分布在北端靠近天安门处，两个分布在人民英雄纪念碑的正北侧（图 1-44）。商

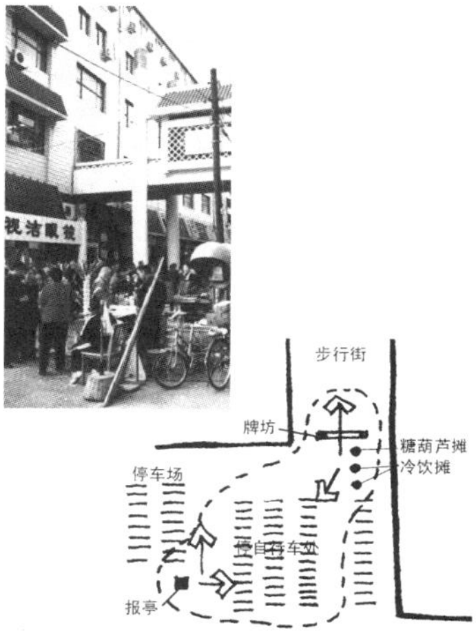

图 1-43
海淀图书城步行街入口商摊空间
上图为实景（杨滔摄，2001 年 11 月）；下图为分析（杨滔绘）

摊蓝白相间的阳伞是醒目的标志，聚集了大量的观光游客。人们在此留影纪念，借鉴和欣赏经典照片，大大增强了广场的亲和力。八个照相商摊在广场上作为一种软空间，增加了人和广场的接触面，可以说在某种意义上构成广场的新边界。实际上，商摊空间（包括周围的人群和活动）将天安门广场从长安街到人民英雄纪念碑的空间分成了三部分，在一定程度上满足了非节日庆典时人们的使用需求。

卖纪念品、国旗的小摊商有时也在广场北部地下通道周边聚集，卖风筝的小商摊在广场东西两侧形成卖风筝和放风筝的空间。所形成的商摊空间为空旷的广场增加了小尺度空间。调研表明，如果能很好地规划这些零散商摊空间，就可以形成更多的类似于照相商摊那样比较宜人的场所，完善天安门广场空间的日常使用功能。

2. 西单广场

西单广场是由上升、下沉空间错落而成的城市商业广场，广场中的雕塑、座椅等形成了人性化的、小尺度的空间划分和有趣的视觉中心。西单广场对街头零散商摊的管理比较严格。

广场的西北角经常停有献血车，车位结合铺地设计，限定了广场的入口（图 1-45）。旁边是一处婚纱摄影商摊，吸引人们观望。尽管有很多人既不献血也不留影，但是视线的交流很频繁，构成了不同于街边普通空地的、有活力的商摊空间。

广场北面的平台和东门的斜廊在啤酒节时可作为临时啤酒商摊空间，但这类上升的空间平时很少使用。下沉广场内的阳伞也是一种商摊空间，吸引了很多人在广场上滞留（图 1-46）。

3. 生活性广场

北京旧城中很少有生活性广场。大栅栏地区樱桃斜街、

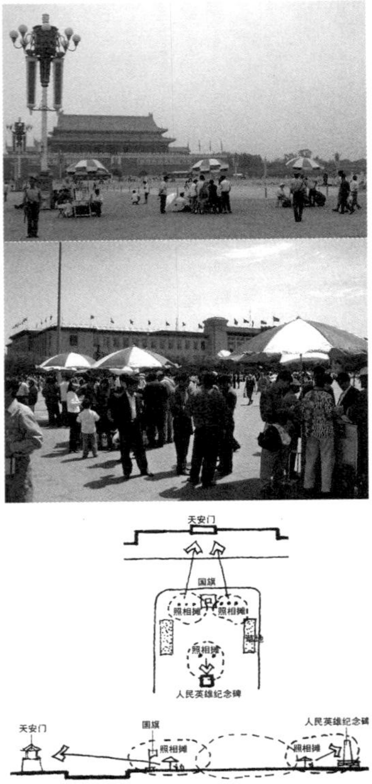

图 1-44
天安门广场中的商摊空间
上图、中图为实景（杨滔摄，2001 年 5 月）；
下图为分析（杨滔绘）

图 1-45
西单广场中的献血车（杨滔摄，2001 年 5 月）

图 1-46
西单下沉广场（杨滔摄，2002 年 4 月）

铁树斜街尽端的小型空地，类似于生活性广场。它只有大约 15m × 15m，联系了五个胡同，可看作放大的胡同交叉口，是视觉和活动的焦点。

广场与胡同的连接处分布了七个商摊，有卖早点的、卖水果的、卖牛奶的、卖食品的、卖蔬菜的等，都与居民的日常生活密切相关，而广场的中央停了四辆小车，其中也有两个摊商，一个卖食品，一个卖服装和布匹（图 1-47）。广场上的商摊创造了供人接触的软性界面。中央不是单调的停车场，而是整合了多种功能，不少骑自行车、步行的居民都停下来和摊商讨价还价，整个小广场充满轻松、随意的生活气氛。商摊空间还形成了胡同尽端的对景。

四、北京街头零散商摊案例

（一）街头邮政报刊亭

北京街头邮政报刊亭是近年来出现的新事物，是有正规管理、合法执照的街头零散商摊空间，也是北京市为老百姓

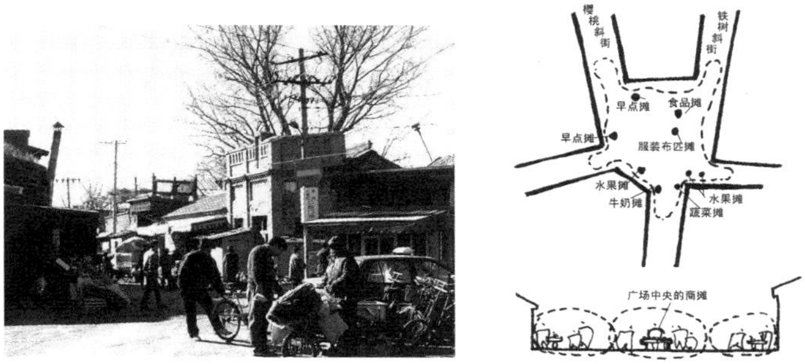

图 1-47
胡同广场的商摊空间
左图为实景（杨滔摄，2001 年 12 月）；
右图为分析（杨滔绘）

办的 60 件实事的第 39 件。[1] 1998 年颁布的《北京市公安交通管理局、北京市工商行政管理局、北京市环境卫生管理局、北京市新闻出版局、北京市邮政管理局、北京市市政工程管理处关于对占路零售报刊摊点加强管理的通告》，[2]取消了主要交通干道固定或流动占路经营的报刊摊点,即“撤摊进亭”。新增的街头邮政报刊亭，经过系统设置，形成一种典型的街头零散商摊空间。

1. 数量与分布

2000 年北京市邮局直接管辖的报刊零售摊点为 1800 个。至 2002 年 3 月，北京市区邮政报刊亭共有 1982 座，大部分已经投入使用。计划“十五”末达到 3000 座。[3]

街头邮政报刊亭的选址以不影响交通、方便市民购买报刊为前提，大部分位于繁华街道、居民区、校园等附近的车站、公共建筑旁。目前，街头邮政报刊亭正逐步向更多的居民区、高校校园内部发展，但有相当一部分的选址值得商榷。

2. 建设与管理

街头邮政报刊亭的建设由北京市邮政管理局报刊亭建设小组协调联络。报刊亭建设小组由一位副市长任组长，一位市政府副秘书长，邮政局、市规委、市政管委、工商局、园林

---

[1] 中华人民共和国国务院.中华人民共和国邮政法实施细则［EB/OL］.(1990-11-12)［2006-04-29］.http://www.mii.gov.cn/art/2005/12/15/art_523_1325.html.《中华人民共和国邮政法实施细则》,中华人民共和国国务院令第65号.1990年11月12日.《中华人民共和国邮政法实施细则》规定，“邮亭、邮政报刊亭等是邮政企业的服务点”，“企业依法设置邮亭、邮政报刊亭、邮筒、信箱或者流动服务时，有关单位或者个人应当提供方便。”

[2] 北京市公安交通管理局、北京市工商行政管理局、北京市环境卫生管理局、北京市新闻出版局、北京市邮政管理局、北京市市政工程管理处关于对占路零售报刊摊点加强管理的通告：1998年第36号［EB/OL］.［2006-05-04］.http://www.baic.gov.cn/gcs/fagui/select.asp?id=263

[3] 俏争春来报春晖：关于北京市报刊亭建设的采访录.中国邮政，2000（9）：18-19

局、公安交通管理局等市级政府部门，以及各区政府的相关人员组成。建设过程由各区政府、区建（管）委，邮政、交通、市政、园林、环卫等相关部门参与。[1]

实施过程中，报刊亭的经营地点通常先由当地街道办事处提出，再由区建（管）委组织各部门共同协商确定。定点时综合考虑所处位置的报刊摊商、下岗职工、残疾人等当地人利益。报刊亭不仅要成为城市文化功能的重要标志之一，而且还要起到缓解下岗再就业、社会保障、社会服务压力的作用。街头邮政报刊亭的经营者每月除去 300 ～ 400 元租金，收入应稳定在 3000 元左右。[2]根据抽样调查，海淀区、朝阳区的大部分报刊亭经营者月净收入稳定在 3000~4000 元，其他区的大部分报刊亭经营者月净收入稳定在 2000 元以上，少部分在 1000 元左右。可见报刊亭经营者的收入高于北京市居民的平均水平。北京市政府对于报刊亭的建设非常重视，不再因循对街头零散商摊空间的社会偏见。

街头邮政报刊亭由市邮政管理局统一办理经营许可证和工商营业执照，统一进货，统一配送，联合组织，实际上是中国邮政报刊的连锁零售经营。[3]例如，负责海淀区报纸和杂志的海淀零售公司，作为邮局的直属公司，掌管着构成本区邮政营销网的十几个支局，直接从刊社接刊，然后由直投队快速上摊。直投员还负责搜集和反馈信息，随时协调市场和管理。

---

[1] 俏争春来报春晖：关于北京市报刊亭建设的采访录.中国邮政，2000（9）：18-19

[2] 北京青年报.一个报摊月挣三千：报刊零售业面临重新洗牌［EB/OL］.(2000-10-16)［2006-04-29］.http://finance.sina.com.cn/2000-10-16/16885.html

[3] 同[1]

3. 功能与效益

街头邮政报刊亭是一种多功能服务亭，除了出售报刊外，还可以开办简单的邮政业务、公用电话、咨询问路、社区报警、代收水电费和社区订奶等各种服务，甚至网络服务，兼具文化亭、便民亭、安全亭的作用。报刊亭的小空间最大限度地实现了多用途。

街头邮政报刊亭兼有企业性和公共性双重属性，其效益是企业最大利润和政府最大福利之间的平衡。[1]一方面邮政部门希望通过报刊亭弥补邮政和报刊发行设施和网点的不足，扩大报刊零售等业务，促进部门的经济增长。另一方面政府希望通过报刊亭为城市生活服务，缓解社会压力。在北京报刊发行中心或北京市邮局的经营中，邮政报刊亭的租赁权、报刊零售等都能带来经济效益。2001 年北京市邮局转亏为盈的报道就曾提到邮政报刊亭的作用。

街头邮政报刊亭的快速发展很大程度上得益于它的公共性。通邮、发行、就业和其他的社会服务功能使它具有城市基础设施的外部经济性。2002 年建设的 500 个报刊亭中，90% 的经营人员为各区优先推荐照顾的下岗职工和残疾人，其中规定残疾人的比例必须达到 10%。西城区第二批邮政报亭解决特困户 35 人（占 34.6%），残疾人 22 人（占 21.7%）。其他的社会效益还有社区服务、促进安全等。正是这些公共性抵消了某些负面的外部效应，比如一般街头零散商摊妨碍交通、影响市容、制造噪声、污染环境等对城市生活的影响。

---

[1] 郭鸿懋，江曼琦，陆军，等.城市空间经济学.北京：经济科学出版社，2002：166

4. 空间与布局

街头邮政报刊亭的单位服务面积粗略估算如下：目前市区邮政报刊亭 1982 座，市区面积 750 平方公里，单位服务面积平均为 0.38 平方公里左右。各区报刊亭数量基本相同而面积存在差异，因此报刊亭在各个城区的分布并不均匀，各城区的单位服务面积数值不尽相同。比如，朝阳区、海淀区、丰台区等城乡交接地区，街头邮政报刊亭的密度大大小于旧城各区。海淀区 22 个街道办事处，每个办事处目前只有 9~10 个街头邮政报刊亭。西城区 10 个街道办事处，每个办事处目前约有 20 个街头邮政报刊亭。

根据西城区街头邮政报刊亭的分布，粗略估算其单位面积为：西城区邮政报刊亭 200 多座，面积 31.66 平方公里，单位服务面积约为 0.16 平方公里，大概每 400 米 ×400 米的地块一处，与区内公交车站 500 米的分布间隔吻合。实际上街头报刊亭与市内公交车站在相当大的部分上重合设置。按人的步行速度每秒 1 米计算，人们在西城区步行至报刊亭的时间平均不超过 10 分钟，间隔尺度较为人性化。

街头邮政报刊亭的布局体现特定地段的特征。在统一规划、统筹布局的前提下，具体选址由报刊亭所在地参与确定。一般的情形是，当地街道办事处提出经营地点和经营人员。调研表明，街头邮政报刊亭一般分布在路口、门道、市街和广场等能够尽量接近顾客的地方，这与一般街头零散摊商自发选择的经营地点非常相似，可见当地参与使街头邮政报刊亭依然体现着特定地段的活力，具有很强的当地特征。

各种各样的路口是邮政报刊亭主要分布的地点。在有明显转角的城市干道和城市支路交叉的路口，转角建筑的底层空间对外开敞，邮政报刊亭就占据建筑所在的人行道拐角，或者与转角建筑依附围合出商摊空间（图 1-48）。邮政报刊亭形成人行道的对景，标志出特定的转角（图 1-49）。在过街天桥路口，邮政报刊亭通常利用天桥下面的空间，或者位于上下天桥的台阶附近，与过街天桥和路口紧密联系，构成一个复合的空间设施，提升了过街天桥路口的使用功能和空间品质。

图 1-48
城市干道和城市支路交叉的路口的报刊亭
（杨滔摄，2001 年 9 月）

门道也是街头邮政报刊亭的主要分布地点。交通站口、公共建筑入口、公园入口、居民区入口、高校入口等城市门道空间分布了大量邮政报刊亭（图 1-50）。主要的地铁站口和人流较多的公交车站附近都有邮政报刊亭，已经成为交通建筑物的一部分，使单调的滞留集散空间变得更加丰富。公共建筑入口的报刊亭，以其独有的文化传播功能吸引了更多的人群。与大型公共建筑入口附近通常设置大片停车场相比，报刊亭的存在使周围空间富有人气。居民区邮政报刊亭尽管数量还不够多，但是功能更加多样化、社区化。特征明显的报刊亭还会成为居民区入口的标志。

图 1-49
作为对景的报刊亭（杨滔摄，2002 年 4 月）

市街和广场的街头邮政报刊亭较少。王府井商业街二期工程在一个街角设置了一个，为商业街增加了少许文化气氛（图 1-51）。报刊亭与周围座商的经营活动构成互补关系，使空间活动丰富多样（图 1-52）。

图 1-50
门道的报刊亭
上图为百盛入口（杨滔摄，2001 年 5 月）；
下图为西单地铁站入口（杨滔摄，2002 年 5 月）

（二）早点亭与早餐车

街头早点亭和早餐车是 2002 年北京市政府“早餐工程”的重要项目，从普通市民、企业到政府都给予了很多的关注。作为更切近城市生活的街头食品经营场所，早点亭和早餐车直接反映了街头零散商摊空间的特点。

图 1-51
王府井的报刊亭（杨滔摄，2002 年 4 月）

图 1-52
报刊亭活跃空间（杨滔摄，2002 年 3 月）

1. 现状与起因

北京市上万家餐饮企业中，经营早点的不足 20%。尽管一些流动人员在街头非法经营早点摊位，让匆匆上班的人喝豆浆、吃油条果腹，但 70% 的北京市民对此很不满意。最大意见是摊点不卫生、网点少。市民对流动摊点也表现出爱恨交织的态度。❶

街头早点亭和早餐车是北京市“利用社区岗位解决下岗职工和失业人员就业”的重点措施之一。副市长翟鸿祥说，北京市 2002 年要创造 10 万个就业机会，实现该目标的方法之一就是“卖早点”。❷因此，2002 年要发展集中加工、统一配送、连锁经营的早点供应车 500 辆，规范早点供应网点 500 个。❸这样可以安置部分下岗职工，也可以使市民吃到安全卫生的早点。

2002 年初，市商委面向社会发布“早餐工程”招商评审办法。规定“凡参加早点工程的企业，投资金额需要在 800 万元人民币以上”。除了必须是自有资金外，中标签约的投资期限不得少于 5 年。❹四家企业中标后，将采用公司统一采购、统一制作、统一配送的经营模式，在社区内设立流动早点车或早点餐亭。公司人员招收必须以下岗职工为主，同时享受北京市对招收下岗职工企业三年免税的优惠政策。与此同时，正在经营早餐业务的流动摊点将被逐步取缔。

---

❶ 中国新闻网.北京推出“早点工程”今年要创造10万个就业机会［EB/OL］.(2002-01-30)［2006-04-29］.http://news.sina.com.cn/c.2002-01-30/460628.html

❷ 同❶

❸ 2002年上半年在直接关系群众生活方面拟办重要实事进展情况［EB/OL］.(2003-09-24)［2006-05-04］.http://www.beijing.gov.cn/zw/zfgz/60jss/t1958.htm

❹ 周勇刚.北京人每天早餐吃掉千万？如何投资早点工程［EB/OL］.(2002-03-12)［2006-05-04］.http://www.tech-food.com/news/2002-3-12/n0006476.htm

2. 问题与矛盾

街头早点亭和早餐车的推出，首先是基于它们能够给市民带来福利，可以通过有效的管理，减少它们的拥挤、污染、影响市容等负面效应。这一举措得到广泛的赞同，但也引起各方面的激烈争论。

经济与管理方面的争议是采取竞标的方式仅选出四家企业，以及巨大的投资额等，提高了竞争门槛，将会形成市场垄断。四家企业是否能够完全覆盖北京这么大而且是多样化的早餐市场，也存在疑问。事实上，一些企业只希望赢利最大化，打算将早点亭扩大成为综合亭，开展多项业务。并希望充分利用早餐工程的一系列优惠政策，如公司的配送车免缴养路费、高速路费等，以降低其经营的成本。[1]这并不利于早餐工程的顺利进行。从管理的角度看，如果完全采用大型连锁店这种模式经营，会明显排斥个体、民营的模式。取缔零散早点摊的做法有违反公平、公正原则的嫌疑。如果城市管理部门不对早点亭和早餐车的经营场所做出明确规定，通过四家公司连锁经营取代所有的流动早点摊的难度也很大。早在 1997 年，由市商委、粮食局统一规范、连锁经营的 100 余辆“洁”早餐车，正是因为管理难度而没有形成稳定、持续的发展。

一味推行街头早点亭和早餐车会带来社会问题。一方面，目前的方案排斥长期以此谋生的个体经营者，会给他们很大的打击。由于个体早点摊的数量远远多于个体报刊摊点，取

[1] 沈晓凤.百姓将吃上连锁统配早点［EB/OL］.生活时报(2002-03-11)［2006-04-29］. http://www.csonline.com.cn/GB/Content/2002-05/23/content_135197.htm

缔后会形成很大的社会压力。另一方面，目前的方案只针对下岗职工，强调与流动人口的差别，存在歧视倾向。与许多国际性大都市一样，北京的流动人口数目巨大，已经成为不容忽视的社会群体。

街头早点摊的选址有其自身的规律性，"'在车站旁边吃边等车，一点儿也不耽误事。'一位赶着上班的男士稀里呼噜地喝下一碗豆腐脑，捏着油条就登上一辆公共。"[1]这段描述说明早点摊的选址应靠近顾客、方便顾客，如果过分强调街头早点亭和早餐车对交通、市容、卫生的影响，不在城市空间方面做出更适合现实需求的具体布点，仍会导致城市空间和管理的矛盾。

五、北京街头零散商摊的未来

北京街头零散商摊空间分布和时段节律的变化，应该符合帕累托最优。[2]在这一前提下进行的局部调整和改变，可以从整体上保证北京街头零散商摊的活力。通过城市规划设计与管理尽量避免商摊的负面影响，充分发挥每一个商摊在安全、服务、就业及活跃城市生活方面的作用，使街头零散商摊空间成为提高城市空间品质的有效手段。基于以上研究，对北京街头零散商摊的未来做如下设想。

---

[1] 一丁.谁为你"端上"明日早餐［EB/OL］.(2002-04-04)[2006-04-29］.http://www.beijingnews.com.cn/3050/2002-4-5/98@1886690.htm

[2] 梁东黎，刘东，编著.微观经济学.第二版.南京：南京大学出版社，1997：427-428.帕累托最优是指资源配置的任何改变都不可能使一个人的境况变好而又不使别人的境况变坏。如果改变资源配置，导致每个人的境况都较以前变好了或者至少一个人的境况变好了而没有一个人的境况变坏，则现存的资源没有达到帕累托最优。

（一）综合布点

从城市整体角度综合考虑，街头零散商摊空间可以弥补城市功能的某些不足，激发城市空间的活力。目前，北京街头零散商摊的空间布点有自发和策划两种方式。积极探寻这两种方式的布点规律，是合理布局其位置和密度的关键。合理的空间布点可以优化城市空间及功能需求，使北京街头零散商摊空间与周围建筑、基础设施、绿化景观等整合为一体。

合理的空间布点包括从宏观、中观到微观的不同层次。宏观上，北京街头零散商摊分布在路口、门道、市街和广场等地点，呈现出离散化的布点特征。中观上，城市街区层面的商摊空间布点密度，以西城区邮政报刊亭为例，约每 400 米 ×400 米一个。微观上，每一处商摊的位置应该考虑与周围环境的关系，需要综合工商管理、园林、公安交通、城市监察、市政、环卫等部门的意见，以及当地居民、已有摊商等的建议。

（二）灵活设计

北京街头零散商摊空间所具有的多样性和灵活性非常适应城市日常生活的需求，所呈现出的固定、半固定或流动特征可以交叉对应报刊类、饮食类、百货日杂类、修理类等日常生活需求，同时能满足连锁、个体等经营方式的要求。北京街头零散商摊空间应该遵循这种灵活的模式，增加其自由选择及扩展的可能性。

街头零散商摊空间的设计可以规定几种基准和原型。一种是设计固定的类似于房间的构筑物，如邮政报刊亭，出租给零散摊商；另一种是设计固定的类似于架子的构筑物，出租给零散摊商；或者设计小块特殊的硬质空地，如特色花色的铺地，或者灌木、乔木围合的空地；

还可以鼓励出租建筑物的凹角空间；另外还可以容许一些街道、广场等公共空间在某些时间段出现零散商摊。

对街头零散商摊经营设施的风格和尺寸可以做出相对严格的规定。一是只对经营设施的尺寸如长、宽、高等做出严格的规定，鼓励摊商自制、自购符合规定的经营设施；二是统一设计风格，鼓励采用不同的轻质材料，如木、布、合金、玻璃、塑料、纸等。

街头零散商摊空间应该当地化，甚至可以作为特定地段的标志。每个地段的城市环境、居民构成、社会文化、经济状况等都不尽相同，因而需要因地制宜地设计。例如，在古建筑保护的地区或者城市主要公共设施周围，可以像对待街头家具一样统一设计；在一般的居民区，可以采用居民参与的方式进行设计。

（三）分时使用

街头零散商摊空间应该适应城市日常生活节奏和季节气候的周期变化，相应的设计和管理要充分考虑它们的时段特征。首先，对于某些特定地段的街头零散商摊，不能严格规定经营内容和经营时间，应该给摊商自由发挥的弹性空间；其次，某些街头空间可以由不同的摊商在不同时间段内分别使用；再次，对于如广场、市街等开放空间，应当容许街头零散商摊出现，或者规定它们在特定时间段可以使用这些地方，形成早市、晚市等。街头零散商摊分时使用城市公共空间，可以最大效率地保持空间的活力，进而提高空间的品质。

（四）当地参与

应该大力提倡当地居民和街道办事处参与街头零散商摊

空间建设。与国外提出的商摊联合组织不同，[1]北京街头零散商摊空间的当地化和社区管理体现在街道办事处与当地居民的互动中，以及“两级政府，三级管理”的部门职能中。街头零散摊商大都和当地居民或者街道办事处有一定的联系，也十分了解当地商摊和居民的情况。街道办事处的参与将在提高街头零散商摊空间合理性和可操作性的前提下，尊重当地居民的自发性和自主性。街头邮政报刊亭的成功设置在很大程度上取决于街道办事处的参与程度。

北京街头零散商摊空间涉及社会生活的各个方面和城市管理的各个部门，中国许多城市的情况与此非常相似。要消除对街头零散商摊空间的社会偏见，将其纳入城市规划与设计中，综合考虑其空间、运营和管理问题，通过综合布点、灵活设计、分时使用和当地参与等方式，避免其对市容、交通、卫生等负面影响，使其发挥提高城市空间品质的积极作用。

[1] John Chase, Margaret Gawford, John Kaliski.Everyday Urbanism.New York, N.Y.:The Monacelli Press, 1999:145-148

第二章

北京大众观演空间

傅东

北京大众观演空间[1]

观演活动古已有之。城市公共空间中发生的观演活动对应的空间，即为大众观演空间。这是日常生活中普遍存在却很少引起足够关注的一种公共空间类型，一般可包括从城市广场到街道，到公园，到卡拉OK厅等多个空间层次。从1999年开始，傅东以1980—2000年间的北京大众观演空间为观察对象展开研究，试图揭示北京自1980年大众化进程开始后大众观演空间的演进，及其与城市公共空间之间的关联。

[1] 本章根据傅东硕士论文缩写，参见傅东.20年来北京大众观演空间研究.清华大学硕士学位论文，2001

一、大众观演空间

在现代社会中，城市作为大众聚集之地，为大众观演活动的发生提供了广阔的舞台。大众观演活动是现代城市中经常发生的一种公共活动，其对应的空间——大众观演空间是城市中一种特定的场所，人群聚集在此进行大众观演活动。大众观演空间是现代城市中一种活跃的公共空间类型，遍布于城市中的各个角落，在很大程度上影响和参与了城市公共空间体系的形成。

（一）大众观演活动及其空间

1. 大众观演活动

综合拟剧论、符号学、社会心理学、大众传播学等学科中的相关角色理论，借助相关学科有关大众观演活动的研究，可以给出大众观演活动的定义，即大众观演活动是一个以群体形式存在的、表演者与观众之间通过角色扮演进行的信息传递和情感交流的社会互动过程。

图 2-1
大众观演活动中参与者的群体性凸显
（傅东摄，1999 年 11 月）

大众观演活动的要素包括参与者和互动。参与者即表演者与观众。人有围观的天性，这是大众观演活动形成的根源。许多参与者聚在一起，形成一个临时性的群体，所谓群体性凸显（图 2-1）。大众观演群体可以分为同质群体或异质群体。同质群体是指参与者组成同质性的社会群体，异质群体是指在活动对社会无限度开放的状况下，各种异质的个体参与进来，并通过活动完成从异质向同质转化的社会整合过程。参与者间的互动是指观演活动“结构”中的互动（角色互动）和“过程”中的互动（主客互动）。互动包括三个相互联系的方面：一是沟通方面，即互动过程中个体之间信息的交换；二是相互作用方面，即个体之间活动的交流；三是知觉方面，即双方的人际知觉及在此基础上的相互理解。[1]

大众观演活动可分为“中心—边缘”型和无中心型两种基本类型。“中心—边缘”型大众观演活动是表演者处于唯一的、绝对的主导地位，观众处于从属地位。根据表演者中心地位的强弱差异，又可以分成三种模式：仪式[2]模式，即表演者的中心地位被一系列活动规则所强化，观众无条件地处于边缘。（图 2-2）演剧模式，即表演者的中心地位由观演双方共同维持。（图 2-3）自娱模式，即表演者的中心地位由于表演者与观众间可以相互转换而被弱化。（图 2-4）

无中心型大众观演活动是个体同时担当表演者和观众的角色。任何人都是中心，中心也就不存在了，个体间的关系

图 2-2

仪式模式大众观演活动

1. 疯狂英语活动现场。资料来源：danny，摄.教手势发音学英语 [EB/OL].(2005-03-07)[2006-05-19].http://www.bjcrazyenglish.com/Photo_Viewer.asp?UrlID=1&PhotoID=124

2. 国庆游行。资料来源：群众游行队伍中的国旗、年号、国徽三个方队通过天安门广场 [EB/OL].(2005-03-07)[2006-05-19].http://211.143.249.205/gerenzhuyie/qinwei/WWWFILE/guoqing/gqzj/tupian/025.htm

3. 布什访华。资料来源：高洁，摄.布什总统和夫人劳拉访华 [N/OL]. 浙江日报（2005-11-21）[2006-05-19].http://news.sina.com.cn/c/2005-11-21/05387492697s.shtml

4. 教堂活动（傅东摄，2001 年 3 月）

[1] 时蓉华，主编.现代社会心理学.上海：华东师范大学出版社，1989：307.（人际交往）苏联社会心理学家安德烈耶娃将交往划分为三个相互联系的方面：①交往的沟通方面，即交往过程中个体信息的互换；②交往的相互作用方面，即个体之间活动的交流；③交往的知觉方面，即交往双方的人际知觉以及在此基础上的相互理解。

[2] 陈国强，主编.石奕龙，副主编.简明文化人类学词典.杭州：浙江人民出版社，1990：135.仪式（ritual）：按一定的文化传统将一系列具有象征意义的行为集中起来的安排或程序。由此而言，大多数宗教和巫术行为都具有仪式意义。但仪式这一概念并不限于宗教和巫术，任何具有象征意义的人为安排或程序，均可称之为仪式。正如英国社会学家邓肯·米切尔（G. Duncan Mitchell）所指出的那样：仪式的意义在于通过隐喻或转喻来陈述心灵体验。人类社会生活的许多重要场合都是以仪式作为标志的。诸如达成新的契约、缔结或解除同盟、新政体的诞生、权力的正常交接、个人或社会从一个发展阶段进入另一个发展阶段，等等。通过仪式，可以调整人与自然、个人与个人、群体与群体之间的关系。吴泽霖，总纂.人类学辞典.上海：上海辞书出版社，1991：588.rite（仪式）：一作ritual。通常与宗教或巫术有关的、按传统所定的顺序而进行的一整套或一系列的活动。仪式也许不像宗教信仰那么持久。它们一般出现在人们的日常生活中，例如在印度西部的崇拜水牛的托达人宗教仪式就集中在奶制品活动中，奶牛棚就是庙宇，奶场主便是宗教职业者。

图 2-3
演剧模式大众观演活动
1. 京剧《洪湖赤卫队》。资料来源：《洪湖赤卫队》剧情简介 [EB/OL].[2006-05-20]. http://www.hbgjwjy.com/succeed_show.asp?id=96
2. 中关村室外销售活动（傅东摄，1999 年 10 月）
3. 工体演唱会。资料来源：超女北京演唱会激情引爆工体（组图）.[2007-06-30]. http://entertainment.big5.northeast.cn/system/2005/10/10/050151966.shtml
4. 吉他演奏（傅东摄，2000 年 9 月）

图 2-4
自娱模式大众观演活动
1. 商场内跳舞毯试用（傅东摄，2000 年 10 月）
2. 公园晨练。资料来源：人定湖公园举行大型晨练活动 [EB/OL].（2005-06-24）[2006-05-20]. http://www.bjxch.gov.cn/ggfw/ydxx/tydttp/t20050624_345615.htm
3. 广场上滑板运动（傅东摄，2000 年 5 月）
4. 街头 Salsa 舞。资料来源：Sunon77. 哥城的 Salsa 吧 [EB/OL].（2004-04-04）[2006-05-20]. http://www.dancelover.net/overseas/uk/archive_016.htm

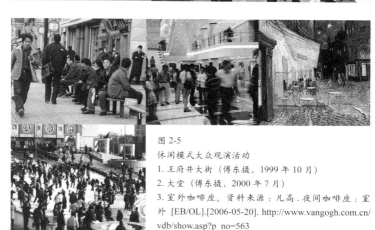

图 2-5
休闲模式大众观演活动
1. 王府井大街（傅东摄，1999 年 10 月）
2. 大堂（傅东摄，2000 年 7 月）
3. 室外咖啡座。资料来源：凡高．夜间咖啡座：室外 [EB/OL].[2006-05-20]. http://www.vangogh.com.cn/vdb/show.asp?p_no=563
4. 西单文化广场（傅东摄，2000 年 2 月）

趋于平等。在无中心型中，根据参与者角色倾向的不同，也可以分成两种模式。一是休闲模式，参与者普遍倾向于在活动中成为观众，其表演者角色是被动地存在状态（图 2-5）；二是狂欢模式，与休闲模式相反，参与者普遍倾向于在活动中成为表演者，其观众角色是附属的（图 2-6）。

2. 大众观演空间

观演之间的关系反映到大众观演空间中，确立了大众观演空间的基本属性：非匀质的或匀质的（图 2-7）。非匀质型空间的表演区处于空间的中心，观众区处于边缘。中心的特殊地位给表演者带来绝对的权威。整个空间是向心的，这种指向强化了表演者的地位。可以用以下词语描述非匀质型大众观演空间：中心、边缘、对立、权威性、向心性、明确性、不平等性、序列性、汇聚、结构等。匀质型空间每一个体都具有观演双重身份，在空间上都以自我为中心，这种多中心的状态导致了整体无明确中心，因而空间呈现出匀质性。匀质型不存在明确的表演区和观众区划分。由于每个小中心之间的联系并不稳定，具有不确定性，空间秩序趋向于无序。可以用以下词语描述匀质型大众观演空间：匀质、平等性、无序性、发散性、不确定性、片断、复杂性、解构等。

大众观演空间的类型可以归纳为五种基本类型。

（1）仪式型空间：非匀质型大众观演空间。主要特征是：有一个被极度强化的中心，它被赋予某种象征意义（神圣化），从而与空间的其他部分明显地区别开。仪式型空间包括宗教仪式空间和世俗仪式空间（图 2-8）。

（2）演剧型空间：非匀质型大众观演空间。主要特征是：舞台作为空间的中心得到明确的界定，观众区处于边缘。演剧型空间有很强的序列性，主要体现在舞台的布景和道具的

图 2-6
狂欢模式大众观演活动
1. 欧洲狂欢节
资料来源：2005 年伦敦诺丁山狂欢节 [EB/OL].(2005-12-01)[2006-05-20]. http://www.80t.net/abroad/custom/Europe/200512/5266.htm
2. 迪斯科舞厅
资料来源：http://www.ggmm520.com/club/actPhoto/bigImg/051212164211.jpg
3. 足球赛场上的球迷
资料来源：燃烧的激情满意的战果 [EB/OL].(2006-03-17)[2006-05-20]. http://www.gzpgs.com/shownews.asp?newsid=473
4. 青岛国际啤酒节
资料来源：青岛国际啤酒节激情闭幕 17 万市民举杯狂欢夜汇泉 [EB/OL]. (2004-08-30)[2006-05-20]. http://www.qingdaonews.com/content/2004-08/30/content_3582785.htm

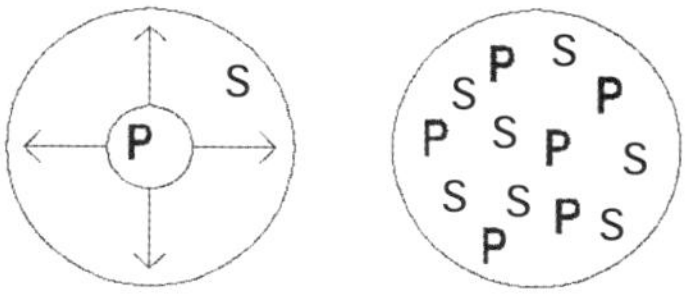

图 2-7
大众观演空间基本属性观众（S=Spectator）和表演者（P=Performer）。（傅东绘）
左：中心性突出——非匀质；
右：中心性隐含——匀质。

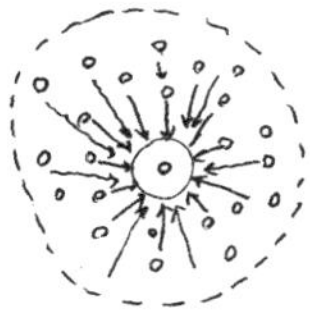

图 2-8
仪式型空间
（傅东绘）

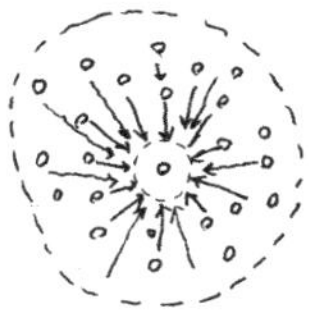

图 2-9
演剧型空间
（傅东绘）

图 2-10
自娱型空间
（傅东绘）

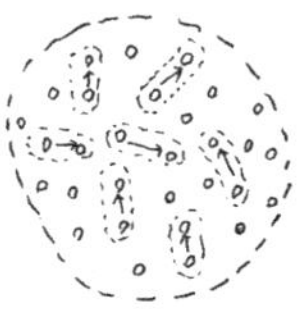

图 2-11
休闲型空间
（傅东绘）

图 2-12
狂欢型空间
（傅东绘）

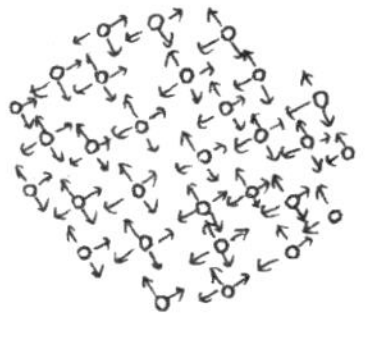

运用，这保证了戏剧活动在时间和空间上展开；由于戏剧活动要创造出一个与现实世界平行的观演时空，因而其空间边界被强化，这种强化往往以围墙的形式出现（图 2-9）。

（3）自娱型空间：非匀质型大众观演空间。主要特征是：由于观演双方角色可以转换，表演作为中心的地位无法得到强化。由于中心的这种不确定性，中心与边缘之间的界限也就趋于模糊，乃至消失（图 2-10）。

（4）休闲型空间：匀质型大众观演空间。主要特征是：总体上是匀质空间，但参与者普遍有成为观众的倾向，而观众意味着边缘，必须有中心与之相对，因此在休闲型空间中，仍然有隐含的中心与边缘存在。休闲型空间可以看成是由众多的非匀质状态导致的整体匀质的空间状态（图 2-11）。

（5）狂欢型空间：匀质型大众观演空间。主要特征是：观众的缺席使得任何中心与边缘的对立消失，空间趋向于彻底的匀质（图 2-12）。

（二）城市中的大众观演空间

1. 作为公共活动场所

大众观演空间是一种场所，人的活动——大众观演活动发生于其中，赋予其一定的意义。大众观演活动与作为场所的大众观演空间之间存在着内在的联系。大众观演活动的特定模式对应到空间，形成了相应的大众观演空间类型。理想的大众观演空间应该与其使用者的需求之间存在某种确定的内在联系，它应该能够诱发大众观演活动。

作为场所的大众观演空间具有三种空间特征：第一种特征是闭合性，即场所空间四周的边界轮廓有趋于封闭的倾向。这是基于在人的潜意识中有维护行为发生领域的本能。这一边界为场所与非场所之间划定了一个界限（图 2-13）。第二种特征是中心性，即场所空间的焦点作用使场所形成中心，由中心产生的向心作用使得中心保持对整个场所的控制，产生安定感。中心对边缘的向心力使表演者与观众保持紧密的联系。第三种特征是序列性，即场所中常常有许多子单元存在，对应场所中同时发生的不同行为。大众观演空间的序列性体现在空间序列赋予表演以情节性。

图 2-13
大众观演空间的闭合性
资料来源：王成喜，绘．围观东郭[EB/OL].[2006-05-20].http://www.jiaodong.net/wenyu/wenhua/12wangcx/wcx5-zp3.asp

2. 作为公共空间类型

大众观演空间是城市公共活动空间中的一种重要类型。古代城市中具有象征意义的仪式空间往往成为城市的中心，同时也成为市民心理上的中心。这些大众观演空间成为城市中的重要公共空间节点（图 2-14）。与以前的大众观演空间在城市中呈点状分布相比，现代大众观演空间大量涌现，渗透至城市中的各个角落，形成网状分布，与城市中原有的大众观演空间共同参与到城市各级公共空间体系的形成中，成为城市公共空间中不可或缺的组成部分。

图 2-14
西方城市中的广场和剧场
上图为 Nolli 于 1748 年绘制的罗马地图。
资料来源：程大锦，著．建筑：形式、空间和秩序．刘丛红，译．天津：天津大学出版社，2005：95
下图为 17 世纪欧洲的豪华包厢剧场
资料来源：魏大中，吴亭莉，项端祈，等，编著．伸出式舞台剧场设计．北京：中国建筑工业出版社，1992：11

3. 作为城市文化载体

大众观演空间参与城市文化的整合[1]。城市级大众观演空

---

[1] 陈国强，主编.石奕龙，副主编.简明文化人类学词典.杭州：浙江人民出版社，1990：135.文化整合（culturalintegration）：（1）指一种文化处于整体的或完全的状态。文化的整合状态被认为有如下的表现：在各种文化意义中，有一种逻辑的、情绪的或美学上的协调；文化规范与行为的相互适应；不同成分的风俗与制度彼此之间在功能上的相互依赖性。（2）指一种文化变成整体或完全状态的过程。本尼迪克特在《文化模式》一书中认为文化整合就是"形成模式"。每个民族为实现自己文化上的某些目的，都从某一点上强化其经验，并通过创新的选择，使采借来的异文化元素充分适应本民族文化，从而使本文化达到整体或完全的状况。因此，文化整合也就是文化自我完善的一种形式，它既保证了文化在时间过程中的变迁，又保证了文化在一定限度内维持稳定的秩序。吴泽霖，总纂.人类学辞典.上海：上海辞书出版社，1991：588.integration，cultural文化整合：一种文化对内进行协调或克服内部矛盾和不一致看法的倾向。

间的存在为城市提供了实施文化整合的场所。现代城市级的大众观演空间中神圣的仪式活动转向了世俗的全民性大众观演活动，比如狂欢节、体育比赛等，这类活动同样具有文化整合的功能。

大众观演空间是城市中群体价值得以实现的场所。群体是指以一定社会关系结合起来进行共同活动的集体。通过大众观演活动形成的群体具有单纯化的特点，这保证了其成员行动的一致性。因此这类群体的价值更容易得到实现。

个体需要在大众观演空间中获得满足，个体在通过活动结成的新社会群体中得到一定的归属感，活动中的个体通过扮演自己的角色得到来自活动中其他个体或整个群体的认同。大众观演空间为个体提供了一个理想化了的社会情境，个体在此所扮演的是理想化的角色，可以较容易地获得自我实现的满足。

二、1980—2000 年北京大众观演空间的发展

北京的大众化进程始于 20 世纪 80 年代初，在 20 多年的大众化进程中，北京城市文化心理各方面都发生了翻天覆地的变化。与此相对应，北京大众观演空间在近 20 多年的时间里取得了很大的发展，类型和演化都表现出纷杂性特点，各种新的空间类型不断涌现，成为城市中一种非常活跃的公共空间类型。可以认为，大众观演空间是与北京的大众化进程关系最为密切的一种空间类型，其发展变化对于北京城市公共空间体系和城市社会心理的影响也是巨大的。

（一）北京大众化进程与观演活动

20 世纪 80 年代以来，城市中人口流动以及外来人口的涌

入使得北京人的组成发生了很大变化。在居住状态上，除了大院、胡同居民之外，生活于居住小区的居民大量增加。此外，由于城市向外扩展，城市边缘区形成了新的居住模式。例如大红门地区原来是农村地区，20 世纪 80 年代后期外来打工者的涌入使这一地区迅速城市化，但是原有乡村行政管理体系并未消失。于是出现了居委会与村委会两套管理体系并存的现象。其中居委会管理有北京城市户口的居民，村委会管理农村户口的居民，而外来人口则无人管理。居住模式的不同导致以社区为基地的大众群体形成不同的特色。

城市开发、大规模拆迁造成旧城区的居民被迫外迁，密切的邻里关系随着居民住进高层住宅而消失。对于报纸、电视的依赖使得社区中用于信息沟通和感情交流的散步活动越来越少，人际关系的疏远使社会群体的凝聚力下降。大众文化中存在制造流行的机制，所以在大众化进程中，时尚在近年来成为北京社会心理中的一个主要特征。对于大众群体来说，由于个体意识消失，更多地体现出易受暗示性。

1980—2000 年北京大众化进程与观演活动可以分为以下四个阶段。

（1）认同化阶段（1980—1985 年）。20 世纪 80 年代初人们精神食粮的空前匮乏给外来文化提供了渗入的机会，长时间的文化饥渴导致人们以一种拿来主义的态度对外来文化全盘接收。外来文化（尤其是港台通俗文化）的全面进入趋势已经不可避免，这为北京的大众化进程提供了文化方面的准备。1984 年春节晚会，香港歌星张明敏以一首《我的中国心》一夜之间红遍全国，标志着以港台通俗文化为主导的外来文化开始得到社会的认同。同时人们的心目中开始出现“大众明星”这一概念。改革开放的初步成果是解放了大量农村劳动力，随着城市化进程的开始，流动人口涌入北京。在城市内部，对社会体系起超强固化作用的各种超稳定大院正在逐渐失稳。

这一阶段的大众观演活动以对外来形式的接受为基本主线，主要形式有舞会、庙会及看电视等。那一时期的舞会有迪斯科和交谊舞，还有集体舞。到 1985 年左右，舞会才结束地下状态，出现在文化馆办的舞厅。集体舞的主流身份使它处于地上状态，广泛存在于北京的校园和公园。庙会的恢复起初是强调其物流的功能，随着观演活动内容的增加，其娱乐功能逐渐占据了主导地位。在当时电视普及率较低的境况下，看电视实际上是小规模的聚会。这一阶段的特点是活动的形式化和社团化控制。

（2）消解化阶段（1985—1990 年）。由于城市开始兴盛，更多的人从农村流向城市寻找机会；同时，城市中原有人事制度的约束力减弱也促进了城市之间的人员流动。这些现象的发生为北京的大众化提供了潜在的人群。大众文化尚未和市场机制结合起来，但特征已经开始显露。1986 年，工人体育馆举行“纪念国际和平年百名歌星演唱会”，标志着大众文化的重要特征之一——明星包装机制的雏形开始出现。大众文化的发展导致“话语权力”的平等化，中心——边缘的文化结构开始消解，人们对大众媒体的依赖程度加深，导致日常交往活动减少。该阶段的主要形式有卡拉 OK、演唱会、辩论会、看录像、练气功等。

卡拉 OK：最初卡拉 OK 属于一项高档消费活动，多附属于宾馆、餐厅，随后进入家庭并出现街头卡拉 OK。演唱会：大众文化的制造明星机制初步形成，演唱会是这一机制中的重要一环。辩论会：程式化的特点使电视辩论成为一种操作性很强的活动。看录像：录像厅在北京自发生长，呈散点分布。

气功热：主要的气功活动有带功报告、现场表演、集体修炼等。这一阶段的特点是新的形式以一种对传统形式的消解姿态出现，对于传统形式的消解使更多的人有机会参与到大众观演活动中。

(3) 日常化阶段 (1990—1995 年)。被纳入市场经济体系的北京原居民及外来人口组成的新北京人构成了北京的大众阶层。在文化方面，市场机制下的大众文化逐渐显露出强大的生命力，在与精英文化的对抗中占据了全面的优势。同时，大众文化还显示了对精英文化的同化趋势。大众文化的商品性、技术性、娱乐性特点使它彻底地生活化，得以真正充斥社会的每个角落，主要形式有穿文化衫、逛饭店、婚礼仪式等。

穿文化衫：穿文化衫可以看作普通人的一种表演，城市成为一个大舞台。逛饭店：平民进饭店一开始是为满足猎奇心和虚荣心，后来逐渐成了当时流行的一种活动。婚礼仪式：存在“伪民俗”热现象，即从形式上恢复一些传统民俗活动，而冠以向传统文化回归的名义。这一阶段的特点是活动日常化运作的商业化。

(4) 多元化阶段 (1995—2000 年)。大众化进入一个比较成熟的阶段，北京进入大众社会[1]。城市大众真正出现在北

---

[1] 周大鸣，编著.现代都市人类学.广州：中山大学出版社，1997：21-22. 以Anderson在1962年提出的现代工业社会的都市性之特征为标准：高度的劳动分工、集约生产和服务；机械动力在生产和非生产性工作中占主要地位；人际的分离，个人的联系和从属的时间更为短暂，人们对层级制更为依赖；高流动性，包括日常的流动、职业的流动、居住地的流动和社会身份的变化等；都市环境中人为的因素持续的变化，包括结构的更新和技术的发明；个人和群体完全从属于机械的时间，由时钟控制的约会和合作增多；由于相互间的联系的短暂，因而人际间具有匿名性；人的期望和忠诚的不断变化；记录更为普遍地运用于人们的行为、契约、盟誓等场合中。

京[1]。市场机制下的大众文化开始走向商业运作的极端，商业手段和技术的运用抹杀了个性化需求，使得大众文化平面化、庸俗化的趋向越发明显。随着北京大众化进程带来的种种弊端日益严重，对大众化进行反思成为这一阶段的另一个主题。人们越来越注重以人性化的交往和更具体验性的娱乐方式取代大众媒介获取信息和交流感情。主要形式有蹦迪、上网、街舞、泡吧等。

蹦迪：人们在被迫面对零散化、孤独感、平面化等大众化所带来的问题时，寻求更有效的可以用于缓解矛盾的活动。上网：人们在网吧这种现实空间里进行活动，但实际真正存在于网络上的虚拟社区中。街舞：这种活动一直存在于北京的街头，20 世纪 90 年代中期达到鼎盛状态。泡吧：泡吧者形成了比较固定的群体，泡吧成为北京夜生活中的重要内容。这一阶段的特点是活动形式的多元化和活动选择上的个性化。

（二）北京城市大众观演空间的特征

（1）类型。20 世纪 80 年代之前，北京的大众观演空间类型比较单一。六七十年代城市的仪式职能凸显，仪式型空间中的仪式广场在城市中占有重要地位。天安门广场和重要城市公建入口广场成为城市级的仪式广场，在围墙封闭的大院（居住区、工作单位等）中有自己的社区级仪式广场，北京人的日常生活围绕这些不同层级的仪式广场展开，参加各种仪

---

[1] 陈刚.大众文化与当代乌托邦.北京：作家出版社，1996：6. 关于大众：人口向工业城镇集中，工人向社会化大生产集中以及工人阶级的发展3个大趋势是大众产生的必要条件。从文化研究的角度，由于教育水平的普遍提高，以及大众传媒的民主化，在后资本主义阶段，大众已不再具有与精英相对的阶层的含义。大众被看作都市人的平均状态，或说常人，他们对文化的态度有明显的崇尚世俗的消费主义特点。

式活动是北京人日常生活中的一项重要内容。作为演剧型空间的影剧院、礼堂在当时是另一种在城市中较多见的大众观演空间。这些大众观演空间在城市中具有专门的职能。

20 世纪 80 年代以来，随着大众观演活动的发展，大众观演空间在城市中的状态发生了很大变化。原有仪式型空间中仪式广场逐渐退化，宗教仪式空间如教堂、庙宇等开始出现。演剧型空间中，影剧院不再是唯一的形式，新出现了市民广场等形式。除原有的仪式型空间（仪式广场）和演剧型空间（影剧院）等以外，出现了新的大众观演空间类型：自娱型空间、休闲型空间和狂欢型空间。除专门的大众观演空间外，发生于城市各个角落的大众观演活动对各种城市公共场所的占据产生了新的大众观演空间类型。这使得北京大众观演空间的类型被极大地丰富了。例如街头舞蹈活动对于城市交通空间的占据导致街头舞蹈空间的形成，演唱会对城市广场的占据导致演剧型空间的出现，等等。对于同一场所来说，不同活动的重叠产生了多种空间类型的组合。以一条商业步行街为例。整个街道原本是休闲型空间，休闲状态的游逛人群在此相互观看；一些商家在店铺门口进行促销活动，有表演者进行商业表演，游逛的人围上来观看，局部形成了临时的演剧型空间；当夜晚降临，商店关门，一些人聚集于此跳起秧歌舞，引来路人围观，其中一些观众临时加入了表演的行列，这时街道成为自娱型空间；盛大的节日到来时，庆祝的人群充满整个街道，这里成了狂欢型空间。（图 2-15）

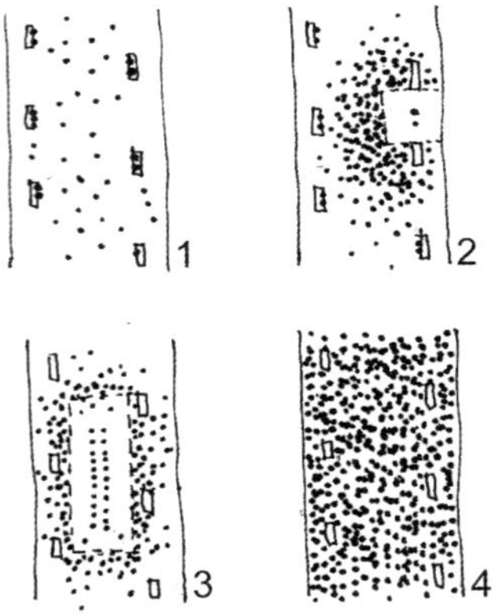

图 2-15
多种活动重叠于一条商业步行街形成了不同类型大众观演空间（傅东绘）
1. 人看人——休闲型空间
2. 商业表演——演剧型空间
3. 街头舞蹈——自娱型空间
4. 庆祝游行——狂欢型空间

（2）演进。20 世纪 80 年代之前北京的大众观演空间以非匀质型空间（仪式型空间和演剧型空间）为主。具有明确的中心是非匀质型空间的主要特点。比如 20 世纪六七十年代盛行的群众大会中的主席台、毛主席接见红卫兵时的天安门城楼等都是如此。

20 世纪 80 年代以来出现了新的大众观演空间类型：自娱型空间、休闲型空间和狂欢型空间。其中自娱型空间随着卡拉 OK 的兴起而出现，与传统意义上的非匀质型空间不同，由于中心具有可置换性，它是一种介于匀质型和非匀质型之间的空间类型。而休闲型空间和狂欢型空间则都是没有中心的匀质型空间。北京的大众化进程是导致大众观演空间匀质化倾向的主要原因。在非匀质型空间中也出现了表现出匀质化倾向的形式，如从传统剧场中派生出伸出式舞台剧场，将表演者与观众的距离拉近，从而调和了中心与边缘之间的关系。匀质型空间对非匀质型空间所具有的解构意味使之与大众文化之间形成天然联系，所以匀质型空间逐渐超过非匀质型空间，占据了主导地位。

（3）层级。由于大众观演活动向日常化发展，大众观演空间在城市中的分布数量和范围相对以前扩大了许多。除专门用于大众观演活动的场所外，大众观演活动还占据了城市中的各种公共场所，如广场、公园、建筑中庭甚至街头巷尾，形成大量临时性的大众观演空间。在空间层次上，由城市级、街区级、社区级三个层级大众观演空间体系组成的城市大众观演空间体系正在形成。这一体系的形成是大众观演活动与城市各个层次群体的需要相适应的产物。

城市层级上，反映北京社会心理的大众观演空间作为城市公共空间中的重要节点而存在，例如天安门广场、国家大剧院等。城市级大众观演空间作为大众观演活动的发生场所，将来自北京各街区的人群聚集到一起，促进了交流。所以城市级的大众观演空间是具有社会凝聚力的场所，参与北京的城市文化整合，在其中参与者个体所带有的街区级文化特质

暂时消失，城市级文化作为整体凸显出来。（图 2-16）

街区层级上，大众观演空间成为对于街区级文化区具有凝聚力的场所，例如区内的特色商业街。由于外来人口的涌入，北京原有的城市级文化被肢解，形成零散的、割裂的、错综复杂的街区级文化区，各种街区间的巨大差异导致了相互间的隔阂，在由业缘、地缘等关系结成的社会群体中，群体的凝聚力降低，成员行动缺乏一致性，导致群体价值很难实现。而通过大众观演活动形成的群体，其成员是在不具功利色彩的情况下自觉参与的，因而其群体价值较容易实现。街区层级上的大众观演空间作为社会群体的形成和互动的平台，在群体意识的形成、群体价值的实现方面起到了重要作用。

图 2-16
人群聚集于城市级大众观演空间
上图为天安门广场的节日庆典
资料来源：1997 年 7 月 1 日香港回归图片集 [EB/OL].(2005-06-28)[2006-05-20].http://news.163.com/05/0628/15/1NBHRARM0001125G_2.html
下图为工体育场的演唱会
资料来源：李晖．“申奥”演唱会现场传真（13）：万人传旗 [EB/OL].(2001-05-02)[2006-05-20]. http://ent.sina.com.cn/p/i/42111.html

社区层级上，形成了深入社区内部的大众观演空间，如社区公园、绿地中的大众观演空间等。通过日常化的大众观演活动获得心理需要的满足已经成为促进北京人个体心理发展的一种趋势。越来越多的社区公园、街边咖啡座、公共广场等将居民聚在一起，在这里人们通过互相观看而产生一定的归属感；在遍布街头的卡拉 OK 厅高歌一曲或在街边尽情舞蹈，此时任何人作为一个表演者都有机会赢得一些关注甚至掌声，这种高峰体验为个体带来自我实现的满足。

三、1980—2000 年北京大众观演空间的类型

按照前述大众观演空间的五种分类，1980—2000 年北京城市大众观演空间可以分为仪式型、演剧型、自娱型、休闲型和狂欢型五个类型。

（一）仪式型空间

作为仪式活动发生场所的仪式型空间属于非匀质型大众

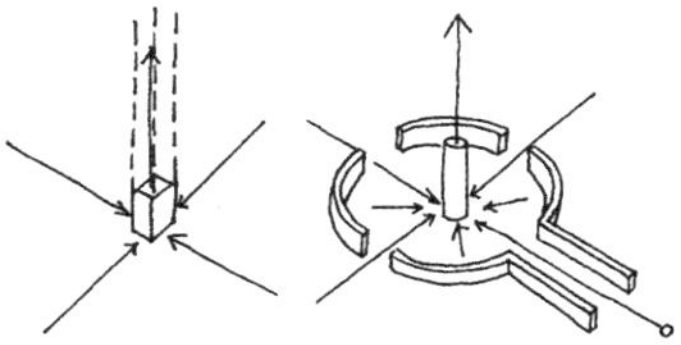

图 2-17
仪式空间图示（傅东绘）
左图为仪式的象征意义使中心被无限夸大
右图为空间序列对中心的强化

图 2-18
加强仪式空间与过渡仪式空间之对比
左图为加强仪式空间
资料来源：新华通讯社国庆专辑：群众游行队伍中的成就方队 [EB/OL].[2006-05-20]. http://211.143.249.205/gerenzhuyie/qinwei/WWWFILE/guoqing/gqzj/tupian/023.htm
右图为过渡仪式空间
资料来源：抓周（地方风俗）[EB/OL]. 人民日报海外版，2005-12-08(6)(2005-12-08)[2006-05-20]. http://news.sina.com.cn/o/2005-12-08/04177649832s.shtml

观演空间。仪式型空间中的表演者与观众分别处于中心和边缘的位置，中心与边缘之间的界限是不可逾越的。仪式表演的象征性使中心由单纯的物理空间转变为具有深层内涵的精神空间，中心的象征意义使其地位并不因表演者的暂时缺席而消失，这是仪式型空间得以超越仪式活动本身而具有某种永恒意味的原因。空间序列是仪式活动所承载的意义的空间化，仪式活动的复杂程序体现在空间序列的复杂性上，复杂的空间序列对中心有强化的作用。作为一种精神空间，仪式空间存在明显的边界，以此确定神圣化了的仪式空间与非神圣化的空间之间的不可逾越性（图 2-17）。仪式型空间可分为宗教空间和世俗空间两种形式。宗教空间用于举行为特定的信仰体系服务的各种宗教型仪式，分为宗教仪式空间和类宗教仪式空间。世俗空间用于举行各种世俗型仪式，分为过渡仪式空间和加强仪式空间（图 2-18）。

1. 仪式型空间的形式

（1）宗教空间

宗教仪式空间（图 2-19）：北京历史上的宗教活动曾经非常发达，是一座宗教中心城市。20 世纪 80 年代初北京宗教活动复兴以来，旧有的宗教活动场所不断恢复原有功能，经常举办各种正式的例行宗教仪式活动，逐渐成为固定的宗教仪式空间。到 20 世纪 90 年代末，北京共有正式宗教活动场所约 103 处。其中市区有 70 余处，大部分分布在二环路以内（图 2-20）。目前北京的宗教仪式空间体系中缺少深入社区的空间层次（图 2-21）。宗教仪式空间的恢复目前还仅限于城市级的大型宗教仪式空间，远不能覆盖到市民的日常生活。虽然社区级宗教仪式空间大量出现在北京的社区尚无可能，但作为替代的空间形式已经出现了。

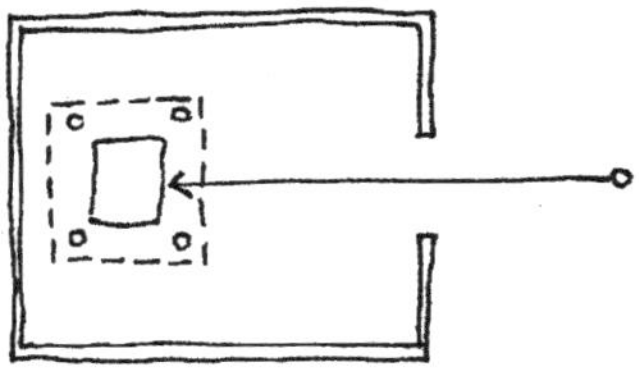

图 2-19
宗教仪式空间（傅东绘）

图 2-20
北京天主教东堂（傅东摄，2001 年 2 月）

替代空间一：社区公园中的幽静之处，往往被用于小规模的气功修炼活动（图 2-22）。这种现象随 20 世纪 80 年代中期的气功热风靡北京而出现。鉴于气功活动的宗教化倾向，北京社区公园中相对固定的练功空间可以被视为社区中宗教仪式空间的一种替代空间（图 2-23）。随着近年来北京城市建设的快速发展，原有为数不多的社区公园用地逐渐被其他城市功能所侵占，周围越来越多高层建筑的包围以及公园围墙的消失导致公园中原本私密的角落不再私密，这一替代空间逐渐消失。（图 2-24）

替代空间二：宗教信徒的小型聚会场所。北京的一些佛教信徒在家中也设立起佛龛，供奉菩萨、佛等。有的家庭为此辟出专门的佛堂，邀请街坊四邻中的虔诚者定期聚会，举行仪式，即所谓的“同修”，并通过每月初一和十五两次前往寺庙进香与寺庙的宗教仪式活动保持联系。对于天主教徒来说，在家中举行小型仪式更是得到了来自教堂的支持。由于北京 20 世纪 90 年代末只有六个天主教堂，远远不能满足教

图 2-21
城市中宗教仪式空间两层次之对比（傅东绘）
左图为城市级宗教仪式空间在城市中呈点状分布，其影响力遍及整个城市。
右图为社区级宗教仪式空间在城市中成网状分布，其影响力限于社区。

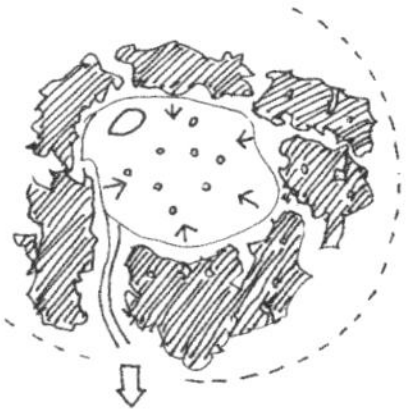

图 2-22
替代空间一（傅东绘）

图 2-23
公园中的集体修炼（傅东绘）

徒日常仪式活动的需要，因此有一些教徒自行举行小型的弥撒活动，邀请教堂的神父前来主持，神父的出席强化了仪式的中心，此时该空间也可以被视为一种末端性质的宗教仪式活动空间。（图 2-25）

类宗教仪式空间（图 2-26）：20 世纪 80 年代初宗教恢复以来，北京的宗教活动虽有很大发展，仍无法填补社会变迁中出现的大众信仰真空。因此一些类宗教活动应运而生，成为宗教活动的替代物。表演者更多依靠个人表演，包括暗示

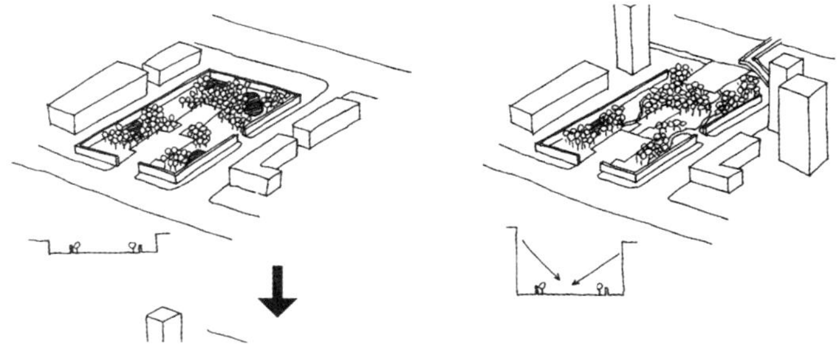

图 2-24
社区花园的变迁导致替代空间消失（傅东绘）
左图为 20 世纪 80 年代社区花园中存在较多私密角落；右图为 20 世纪 90 年代城市的发展使社区公园的私密性降低。

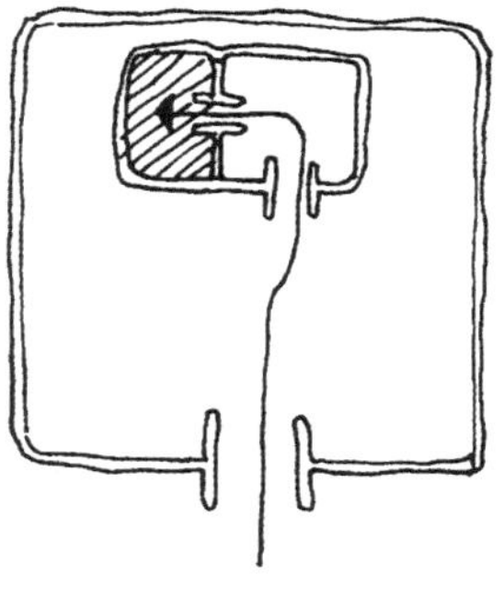

图 2-25
替代空间二（傅东绘）

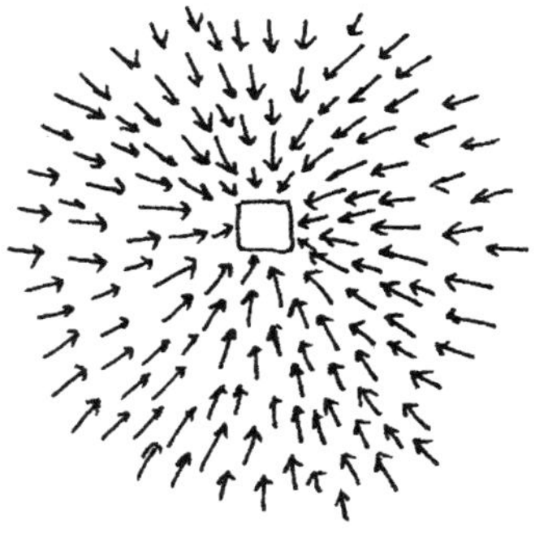

图 2-26
类宗教仪式空间（傅东绘）

等手段。20世纪80年代中期，“气功热”风靡北京，“带功报告”[1]是这一时期出现的一种与此相关的类宗教仪式。成千上万极为虔诚的听众形成指向性极强的群体，作为中心的表演者（气功师）的地位得到极度强化。由于表演者的暗示作用，观众往往集体陷入表演者设置的情境，无法控制自己的反应（图2-27）。在“疯狂英语”[2]活动中，参与者是虔诚的，因为首先他抱有一种信念，即只要按演讲者的提示去做，就能学好英语。而学习的过程则明显是一个由演讲者不断对观众进行暗示以强化这种虔诚感的过程。具体手段主要有使用暗示性高的语言、令全体观众齐声高呼或做同一种手势、邀请观众上台示范等。成千上万人的聚集使群体呈现大众性凸显情景，个体在群体中隐去，与日常角色相关的面子问题等皆不复存在。“疯狂英语”的出现与“气功热”在时间上的关联并非偶然，它表明大众社会中人们对宗教仪式型大众观演活动的需求是持续的（图2-28）。类宗教仪式在北京没能形成专门的仪式场所。在“气功热”最鼎盛的时期，北京大大小小的体育场馆和礼堂、剧场以及广场成为带功报告的主要活动场所。“疯狂英语”在北京的活动场所则遍及太庙、长城、卢沟桥畔、清华大学礼堂、JJ迪斯科舞厅等。

图2-27
带功报告会的场面
资料来源：严新应中央人民广播电台之邀，在北京中山公园音乐堂作带功讲座[EB/OL].[2006-05-20]. http://qingyunju.3322.net/qigong/yanxin/photo/zhongshan.htm

图2-28
疯狂英语活动现场
资料来源：疯狂英语发音全突破（经典收藏）[EB/OL].(2006-04-20)[2006-05-20]. http://info.china.alibaba.com/news/detail/v5003008-d5681761.html

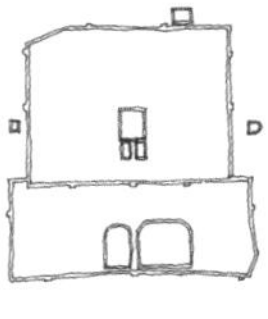

图2-29
北京历史上的仪式场所（傅东绘）

---

[1] 网上科学馆.org.伪气功种种[EB/OL].[2006-04-29].http://www.insm.org/true/century.file/199910105756.shtml.带功报告：又名带功讲课或组场报告。这是由被誉为“现代济公”的严新首创、众多大师一下子全学会，并迅速风靡全国的一种号称又讲课又发功的伪气功形式。听众少则几十人，多则上万人，其中必有部分人身不由己地动起来、喊起来、哭起来，或在地上滚起来。大师说，这是他发出的“外气”或“气场”引起听众的“气场”产生共振的结果，不仅听众自己当时就获得疗效，而且还可造福全家。然而具有讽刺意义的是，1990年3月7日《新民晚报》报道：“昨天下午，38岁的黄浦区工商局干部郭哉武，在上海体育馆聆听严新大师带功报告时，突然猝死。”

[2] “疯狂英语”本是一种英语学习方法，由李阳发明于1994年。它打破国际上语言课小班的惯例，数千人甚至数万人一起上课。针对中国人学英语时不重视说的弊病，疯狂英语的最大特点就是要求把英语大声喊出来。

（2）世俗空间

强化仪式空间：中国传统建筑空间布局中仪式性“院”是指在主建筑前由围墙围合出的场地，它丰富了主轴线上从入口到建筑间的空间序列，常被用来举行各种仪式（图 2-29）。北京以仪式性“院”为原型的加强仪式空间的出现，以 1959 年天安门广场的最终形成为标志，仪式性“院”最终演化成北京无处不在的入口广场（图 2-30）。

一是中心广场。中心广场位于院或城的中心位置。对于院或城来说，它是开放的（图 2-31）。天安门广场是一个特殊的中心广场。长安街的开辟为北京确立了东西轴线，因此位于城市两条垂直的主轴线交汇点的天安门广场成为新北京当然的中心。仪式广场的位置与城市构图中心重合这一布局特点确立了北京作为仪式中心城市的地位（图 2-32）。这种将一个地位特殊的仪式广场置于城市中心位置的做法成为新中国成立以来中国城市规划中的一项重要原则。

天安门广场是新中国成立以来北京最重要的仪式广场。在此举行的各种仪式包括升旗仪式、国庆阅兵式、群众游行、欢迎外国首脑仪式、成人仪式、红领巾岗等。20 世纪六七十年代整个北京处于一场全民造神运动中。天安门广场的特殊地位凸显出来，吸引着全国各地无数人前来朝拜，天安门城楼作为仪式的中心被极度神圣化（图 2-33）。20 世纪 80 年代，天安门广场再度恢复了其世俗型仪式广场的身份。升旗仪式是天安门广场每天例行的仪式。在升旗仪式中，位于纪念碑北面的旗杆成了空间的中心。所不同的是升旗仪式开始于天安门城楼，国旗护卫队对长安街的穿越（国旗护卫队穿过长安街时，所有车辆必须停车等候）将两个空间片段连接在了一起。一般路线是：从天安门城楼出发，经天安门主门洞，穿过长安街，

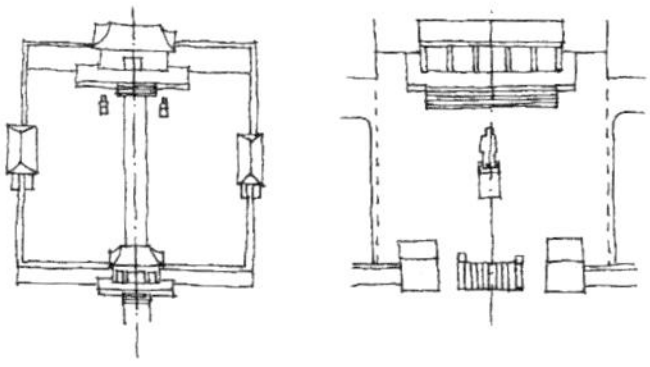

图 2-30
北京加强仪式空间演化（傅东绘）
左图为仪式性的“院”；右图为入口广场

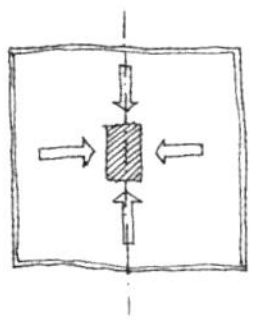

图 2-31
中心广场（傅东绘）

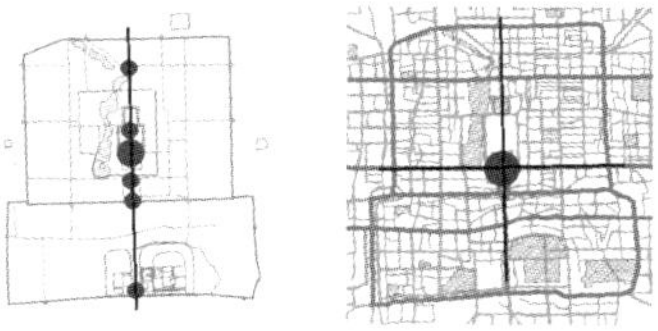

图 2-32
新老北京城由轴线确定的构图中心比较。左图为老北京南北主轴线上形成一系列节点，紫禁城是其中最重要一个；右图为新北京两条垂直相交的轴线确立了北京唯一的中心——天安门广场（傅东绘）

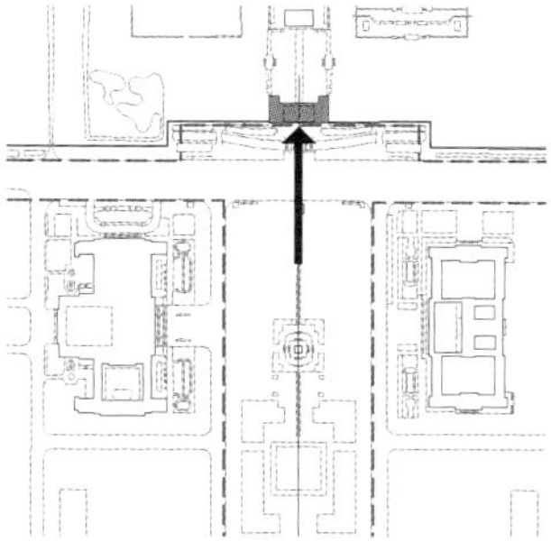

图 2-33
天安门广场空间分析一——毛主席接见红卫兵时的空间关系（傅东绘）

到达升旗台。这一路线属于具有强烈的指向性的路径空间（图2-34），[1]升旗台正处于这一路径的终点位置。节日典礼时，传统的仪式空间秩序又被恢复，即由轴线上位于北面的建筑（天安门城楼）和位于南边的场院（天安门广场）共同形成一个“区域”，仪式的主持者位于北面的城楼上，在高度上形成对整个广场的控制，由此确立其对仪式过程至高无上的控制权。表演者（游行队伍）东西向穿过长安街，长安街此时成了城楼的扩展，与之共同形成了表演区域。观众则位于广场，面向北面对表演者。坐北朝南的格局被再度建立起来（图2-35）。广场中心的人民英雄纪念碑在很多仪式活动（如敬献花篮、集体宣誓等）中作为空间的中心，其四面皆可接近，从而消解了传统仪式空间“坐北朝南”的格局。而天安门城楼在此与人民大会堂和历史博物馆一样，只是位于轴线之上的一个对景。（图2-36）

除了北京城唯一的中心——天安门广场外，还存在与之同构的次级中心广场，即大院的中心广场（图2-37）。大院是新中国成立以来普遍存在于北京的具有一定规模的封闭社区。大院往往以明确的边界如围墙、栏杆等与城市公共空间隔开，形成较为封闭的小社区。中心广场是20世纪六七十年代北京的一种重要空间类型，它们与天安门广场构成了完整

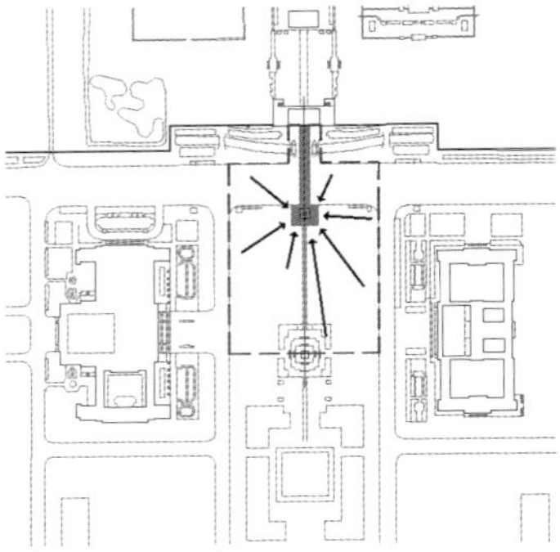

图2-34
天安门广场空间分析二——升旗仪式时的空间关系（傅东绘）

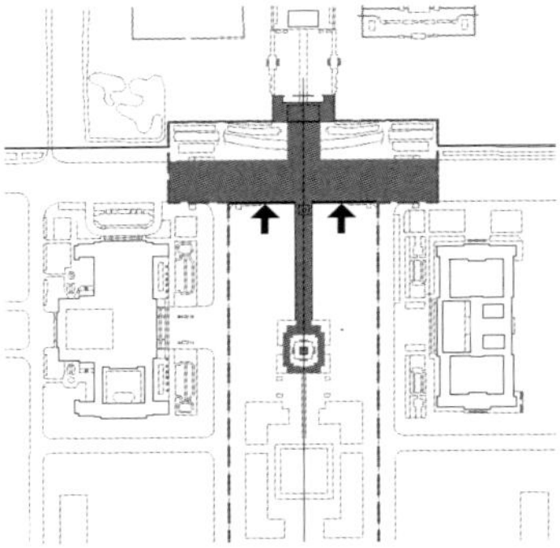

图2-35
天安门广场空间分析三——节日庆典时的空间关系（傅东绘）

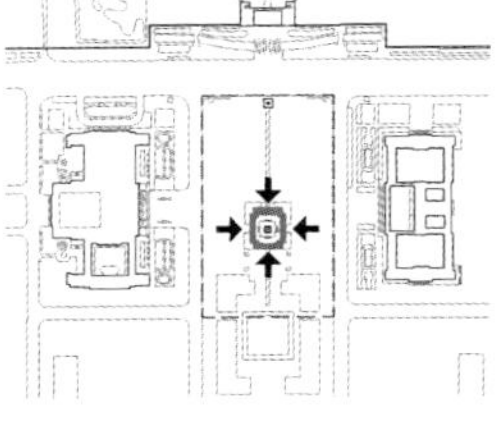

图2-36
天安门广场空间分析四——向纪念碑献花时的空间关系（傅东绘）

[1] 朱文一.空间·符号·城市：一种城市设计理论.台北市：淑馨出版社，民84：25.路径空间（path space）：在路径空间中，路径属性是突出的，其指向性和连续性得到充分的展示。场所属性是被显现出来的，其内外沟通性和外向性是偶发的。其领域属性则处在隐含状态，其内外分隔性和内向性尚未形成。

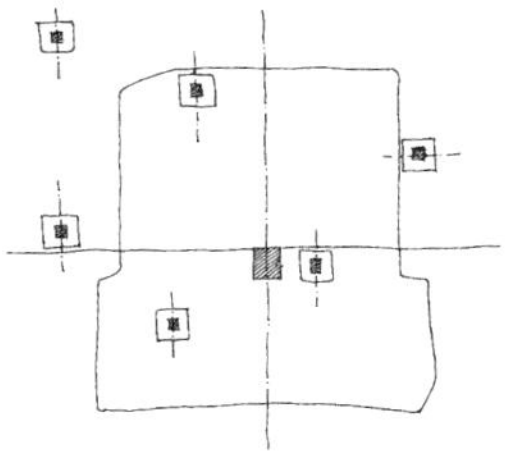

图 2-37
大院中心广场与天安门广场的同构关系（傅东绘）

的北京仪式广场体系，共同确立了当时的北京作为仪式城市的身份。20 世纪 80 年代以来，虽然院墙还在，但大院与城市的隔绝姿态已经被大大改变了。具体体现在大院的居民越来越多地参与到城市生活中，同时城市生活方式也向大院内部渗透，使得院内的生活逐渐摆脱了半封闭的状态。到 20 世纪 90 年代末期，有些大院的原住民甚至被外来人口完全取代。例如大红门地区出现由浙江人承包整个大院，并以自己的意愿彻底重构大院的现象。这些改变导致大院中心广场的衰落。有些广场逐渐丧失了其仪式活动的职能，向市民广场转化；另一些则因为被征用盖楼，永远消失了。

二是入口广场。北京的许多大院和带有围墙的大型公共建筑所围合的院的入口处常常形成这种入口广场（图 2-38）。入口广场总是与院的主入口结合在一起，其主要功能是强化主入口的展示作用，因此它是仪式性的。作为仪式广场，朝向广场的建筑立面上的门廊部分往往经过特殊处理，如入口平台被放大，门廊空间被升高，可用作表演区（主席台），形成俯瞰广场的局面。在建筑面向广场立面顶部的旗杆强化了表演区居高临下的地位。（图 2-39）由于邻近主入口，入口广场日常用于交通疏散，而真正用于举行仪式活动的机会非常有限，其仪式性更多的体现在象征意义上。入口广场一般紧邻开放的城市公共空间，但是被院门隔开。虽然主入口处的墙和门往往被处理得很通透，内外也只能隔墙相望。20 世纪六七十年代，这种仪式广场的中心往往矗立一尊巨大的主席雕像或语录牌，强化了入口广场与城市空间的边界。这些雕像于 20 世纪 80 年代开始陆续拆除，广场中留下的空白有的以其他的雕塑填补，有的则不再放置替代物。很少的雕像一直保留至今，但雕像的周围已经被大片的绿地占据。考察学院路上八大院

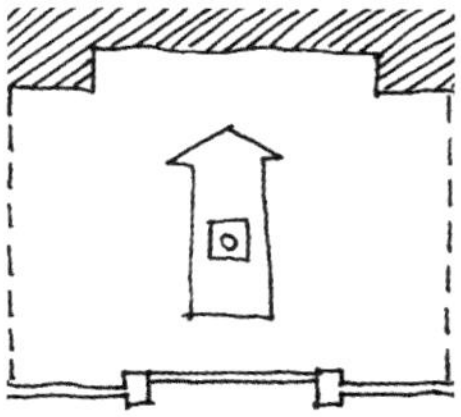

图 2-38
入口广场（傅东绘）

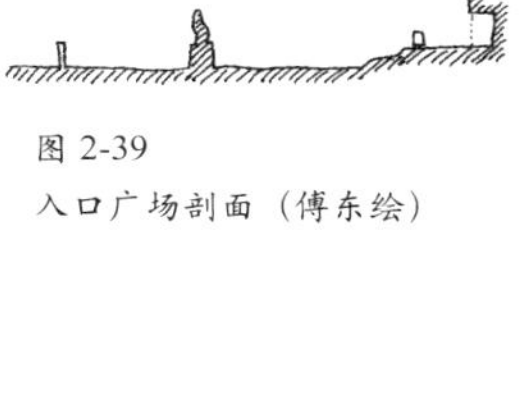

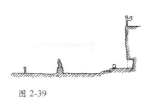

图 2-39
入口广场剖面（傅东绘）

校的入口广场可以发现这些不同的变化（图 2-40）。这些变化象征着入口广场仪式性的丧失。到 20 世纪 90 年代，由于城市公共空间的缺乏，人们把目光投向了入口广场。一种新的动向是拆除大门，将入口广场与城市的边界打破，从而使入口广场成为城市公共空间的一部分（图 2-41）。

过渡仪式空间：人生中各个重要阶段的过渡仪式都围绕社区中的空间进行。这种空间体现为深入社区的、网络化的宗教仪式空间，构成日常生活的一部分。这种空间网络是城市生活中的“奇点”（图 2-42）。婚礼仪式是北京传统文化的重要内容。20 世纪 80 年代以来北京流行的新式婚礼仪式是由传统内容经过改良或简化后与具有时代特色的新内容相结合的产物。仪式的主要程序延续了传统内容：新郎与接亲的队伍跨越城市到达新娘家，新娘与家人告别后与新郎一起再度穿越城市到达婚宴现场，轿子换成了车队；婚宴通常在专门的场所如酒楼、饭店等举行；到达现场后，经过一系列烘托气氛的铺垫后，新人在众人簇拥下穿过会场走上舞台，仪式正式开始（图 2-43）。从 20 世纪 90 年代初婚礼仪式流行开始，北京的婚礼仪式空间在近 10 年的时间里形成了固定的模式。比较流行的婚礼仪式一般选择各大酒楼、饭店，采取包酒席的方式。婚礼仪式空间包括两部分：婚宴现场和新人从家中到达婚宴现场的街道空间序列（图 2-44、图 2-45）。从整个城市的角度来看，婚礼仪式空间是由街道串联起一系列空间节点形成的有强烈指向性的线性空间序列，接亲队伍穿越这一空间序列的过程暗示了人生中的一个重要的不可逆过程的发生（图 2-46）。在婚礼仪式空间中，表演者（接亲队伍）以街道为表演舞台，整个空间序列涉及的空间节点包括：新郎家、花店、新娘家、新娘化妆处、婚宴场地。

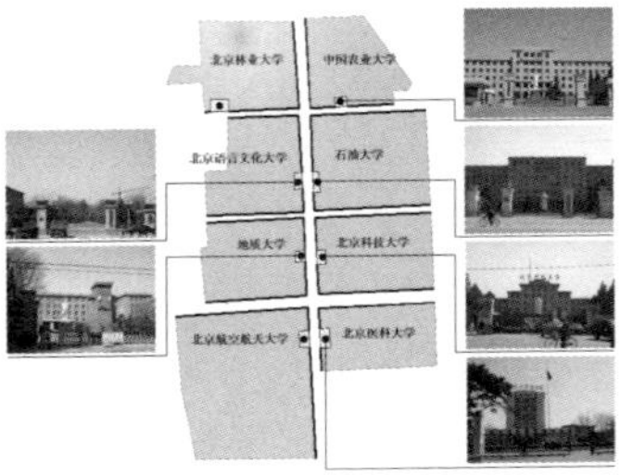

图 2-40
学院路上八大院校的入口广场——仍不同程度保留仪式广场的格局
（傅东摄绘，2001 年 3 月）

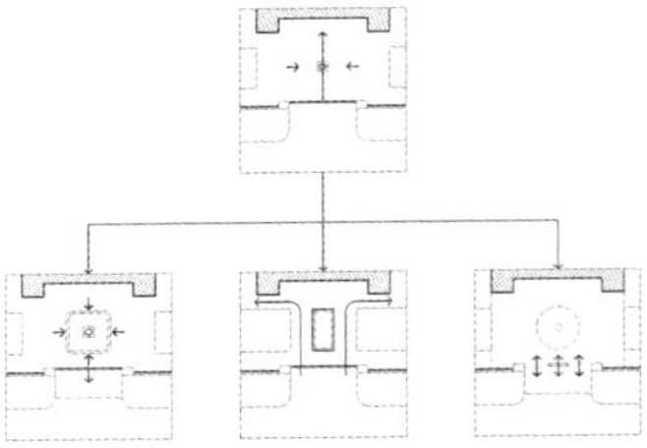

图 2-41
20 世纪 90 年代北京入口广场的演化（傅东绘）
上图为北京入口广场原型；下左图为保留雕像并以大片绿地围合，使得广场仍保有象征意义上的仪式性；下中图为阻断视线的分隔物将广场分解形成单纯的交通疏散空间；下右图为通过取消或弱化门将公共活动引入，使广场仪式性丧失，融入城市公共空间

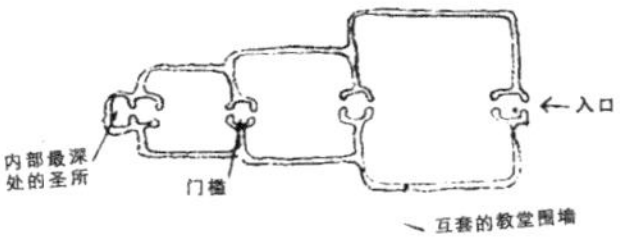

图 2-42
圣地。资料来源：[美]克里斯托弗·亚历山大，等，著. 建筑模式语言：城镇、建筑、构造. 王听度、周序鸿，译. 北京：中国建筑工业出版社，1989：356

图 2-43
婚礼仪式（傅东绘）

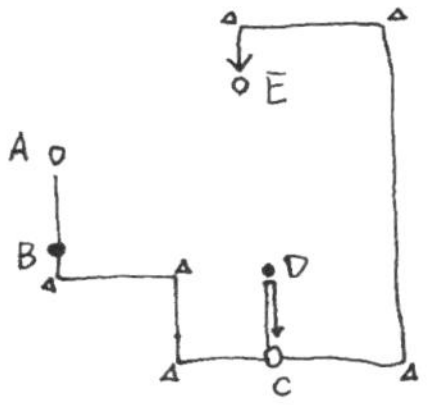

图 2-44
婚礼仪式空间（傅东绘）

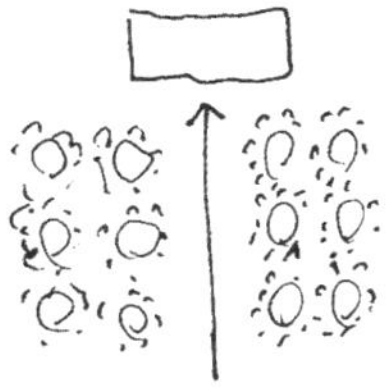

图 2-45
婚礼仪式空间（傅东绘）

图 2-46
接亲车队穿越城市
资料来源：长安街数十辆 QQ 车浩浩荡荡迎亲，路人侧目（图）[EB/OL].(2006-02-26)[2006-05-20]. http://mm.pjhtxy.com/photo/ggmm/xhpd/27772.html

2. 仪式型空间的演进

1980—1985 年：这一阶段是北京仪式型空间的恢复阶段。1979 年北京市伊斯兰教协会成立，1981 年北京市佛教协会和北京市道教协会成立，标志着北京的宗教仪式在 20 世纪 80 年代初开始恢复。20 世纪 80 年代初，各种宗教仪式和世俗仪式再度出现。新的宗教仪式空间的出现主要体现在原有宗教活动场所重新被恢复了宗教仪式功能。过渡仪式以新的形式出现。例如，在 20 世纪 80 年代初一种新的结婚仪式形式——集体婚礼流行于北京，它完全不同于老北京的传统结婚仪式。1984 年在天安门广场举行了国庆 35 周年庆典，同一年天安门广场恢复了升国旗仪式，标志着天安门广场由类宗教仪式空间恢复为世俗的加强仪式空间。由此天安门广场作为北京最重要的加强仪式空间的地位得到进一步巩固（图 2-47）。

1985—1990 年：20 世纪 80 年代中期，全民性的“气功热”使一种普通健身活动转变成一种类宗教仪式，类宗教仪式空间大量出现，各大礼堂、体育馆被用于气功的“带功报告”。但由于气功热仅仅持续了几年，所以没有能够形成专门的活动场所。曾经在普通人的生活中占据重要地位的政治性的加强仪式空间——如中心广场和入口广场的仪式性随着自身格局的改变而逐渐减弱。

1990—1995 年：20 世纪 90 年代初“北京爱国主义教育基地”这一名词出现，表明有历史意义的遗址和古迹成为加强仪式空间的一种动向。到 2001 年，被标明“北京爱国主义教育基地”的历史古迹有 63 处，此外还有 500 个区县级基地，经常用来举行加强仪式。20 世纪 90 年代初以来日常过渡仪式与加强仪式开始兴起。过渡仪式兴起的标志是北京市民的婚礼仪式渐趋隆重并恢复了许多传统习俗。1990 年 7 月，婚庆服务老字号“紫房子”时隔30多年后重现北京。此后，与婚礼仪式相关的行业如婚庆公司、婚纱影楼等在北京日渐兴起，婚礼仪式再度成为北京人生活中的重要内容。同时日常化的加强仪式——主要是与商业活动有关的加强仪式的出现导致商业性加强仪式空间的出现。宗教活动在北京再度兴起后不再具有维护社会制度的功能，宗教仪式出现世俗化倾向，其目的性凸显出来，即解决普通人生活中面临的困境（图2-48）。世俗型仪式进入宗教仪式空间成为一种趋势，促进了宗教仪式空间向社区的渗透。

1995—2000年：过渡仪式全面恢复，北京人的成长过程中的各个阶段都形成了相应的过渡仪式：新生命的出生有过满月和周岁仪式，学业结束有毕业典礼，长大成人有成人仪式、结婚仪式、结婚纪念日，生命亡故后有追悼会等，都形成了比较固定的模式。这对于过渡仪式空间的专门化提出了要求。但到目前为止，在城市中尚无类似圣地的社区级的过渡仪式空间出现的迹象。随着20世纪90年代末一系列大型加强仪式的举行，如1997年迎接香港回归庆典、1999年的国庆50周年庆典、迎接澳门回归庆典、千禧年庆典等，加强仪式的社会整合功能凸显出来。但是仅限于大型的加强仪式。天安门广场作为加强仪式空间的地位空前突出，而入口广场作为曾经的加强仪式空间几乎不复存在，一部分入口广场的围墙被打破，成为城市中的公共广场。另一种日常的加强仪式随着商业活动的发展而兴起。这类加强仪式包括开业剪彩、奠基仪式、新产品发布甚至商家的每天开门仪式等。由于这类加强仪式与特定商业活动形成了固定关联，所以逐渐形成固定的空间形式（图2-49）。

图2-47
庆典活动中天安门广场的升旗仪式
资料来源：张旭，摄.图文：天安门广场举行国庆升旗仪式（1）[EB/OL].新华网(2004-10-01)[2006-05-20]. http://news.sina.com.cn/c/2004-10-01/08314474386.shtml

图2-48
北京天主教界为申奥祈福——宗教仪式的世俗功能
资料来源：北京天主教界为北京申奥祈福[EB/OL].[2006-05-04].http://210.75.208.182/xwzx/assy/mzzc/05.htm

图 2-49
北京餐馆中的商业仪式空间
（傅东摄，2001 年 3 月）

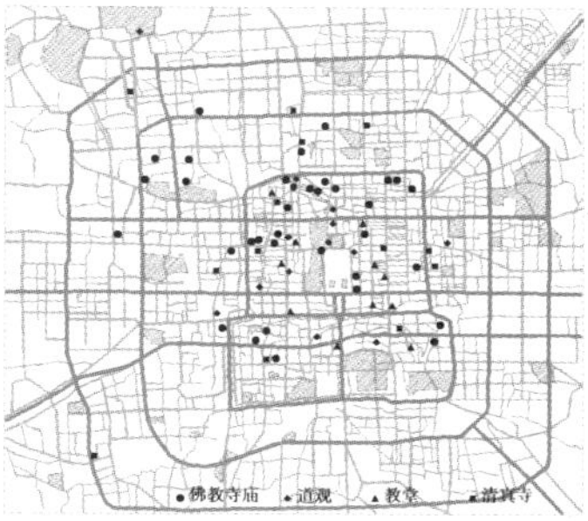

图 2-50
北京宗教仪式空间分布图（傅东绘）

3. 仪式型空间的分布

宗教空间：目前北京地区主要的城市级宗教仪式空间有 103 处，大部分集中在旧城区，整体呈散点布局。其中最著名的有天主教东堂、天主教南堂、缸瓦市基督教堂、崇文门基督教堂、牛街清真寺、东四清真寺、广济寺、广化寺、白云观、雍和宫等（图 2-50）。此外，存在大量位于社区内的宗教仪式空间的替代空间，即信徒的小型聚会场所。这类空间的具体数量虽无从考证，但是考虑到北京目前有众多信徒，其中相当一部分从来不去或只是偶然去上述宗教场所，主要参加社区中举行的仪式，所以社区级的宗教仪式空间应远远多于城市级的宗教仪式空间，而且自成网络。但是这类空间往往是临时性的，并未形成一种固定的模式。随着“气功热”大量出现的类宗教仪式空间目前在北京已经基本上消失了，现在可以被看作类宗教仪式的，如“疯狂英语”大课、传销活动中的动员会等相比“气功热”，其社会影响小得多。

世俗空间：北京的加强仪式空间体系仍以天安门广场为中心，曾经属于这一体系的大院中心广场和入口广场的仪式性减弱，已经不再是这一体系的组成部分，取而代之的是结合文化古迹和遗址形成的“北京爱国主义教育基地”以及各类商业仪式空间。商业仪式活动的日常化特点使得商业仪式空间成为北京加强仪式空间中分布最为广泛的一种类型。过渡仪式空间与普通人生活密切相关的特点使其得以遍布城市的各个角落。以婚礼仪式空间为例，20 世纪 90 年代末，北京平均每年登记结婚的新人达到 8 万对左右，如果按其中的四分之一进行较为正式的婚礼仪式计，则有约 2 万次的婚礼仪式将北京的城市街道当作婚礼仪式空间的一部分。在公认的吉日如 5 月 18 日、6 月 6 日等，每天有几百场婚礼仪式在北京同时举行。目前尚未形成一种固定的、社区级的、可以适用于人生各种过渡仪式的专门的过渡仪式空间。

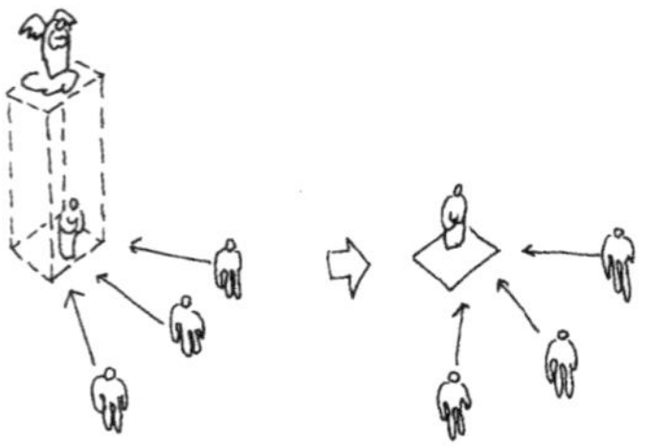

图 2-51
演剧型空间与仪式型空间中心比较（傅东绘）
左图为仪式型空间；右图为演剧型空间

（二）演剧型空间

演剧型空间是一种非匀质型大众观演空间。演剧模式大众观演活动同仪式模式大众观演活动一样，也是源于原始社会中的祭祀活动。与仪式型空间相比较（图 2-51），表演者得到观众的认可是演剧模式大众观演活动形成的前提。方式一为情境创造型，创造观演情境以模拟现实生活，如戏剧等；方式二为能力展示型，通过表演强化表演者在某方面的能力，以获得观众的认可。两种方式分别对应两种演剧型大众观演空间，即剧场空间和广场空间。剧场空间的主要特征是舞台作为空间的中心，观众区处于边缘，舞台与观众区之间的分隔通过所谓“第四堵墙”加以限定，以利于观演情境的创造（图 2-52）。广场空间没有明显的边界，它与城市空间是连续的，其间发生的观演活动如演讲、卖艺等是城市日常生活的一部分。“穿越”与“停留”表明了作为观演空间的广场的特点，“进入”与“退出”表明了剧场与广场的本质区别（图 2-53）。

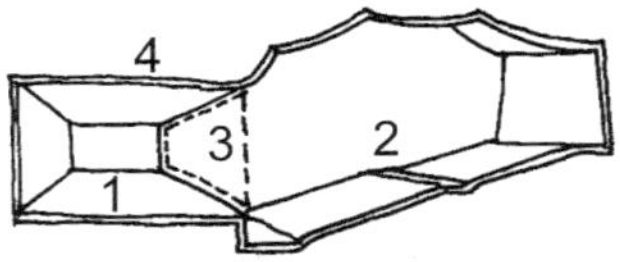

图 2-52
剧场型空间要素（傅东绘）
1：舞台；2：观众席；
1：台口——第四堵墙；2：边界

1. 演剧型空间的形式

（1）剧场空间

传统剧场：北京在 20 世纪 80 年代初期的传统剧场以大中型（两层可容纳 1000 ~ 1500 人的观众席）镜框式舞台剧场为主，到 1986 年北京共有这种传统剧场 37 个。除了设备上远远达不到西方剧场的标准外，受戏园子原型的影响，北京的传统剧场在空间格局上也有其独特之处。北京的传统剧场通常没有足够宽敞的前厅。前厅作为从城市空间到剧场观众厅的必要过渡，在西方剧场中的地位相当重要。前厅所承

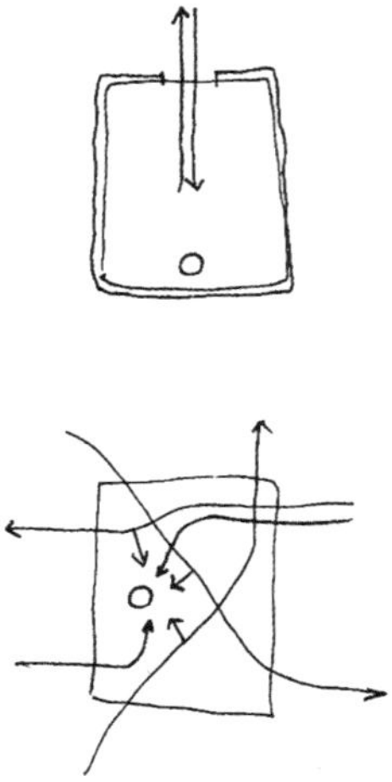

图 2-53
剧场与广场的比较分析（傅东绘）
上图为剧场——进入与退出；
下图为广场——穿越与停留

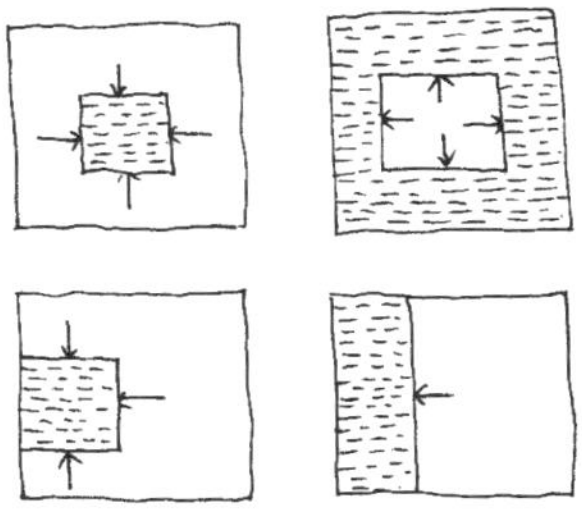

图 2-54
现代剧场观众席与舞台关系示意（阴影区域表示舞台）。上左图为中心式舞台；上右图为环绕式舞台；下左图为伸出式舞台；下右图为尽端式舞台（傅东绘）

图 2-55
话剧《绝对信号》剧照
资料来源：小剧场运动的勃兴 [EB/OL]. [2006-05-05].http://www.ccnt.com.cn/show/chwindow/culture/huaju/xshqhj/xjcyd.htm

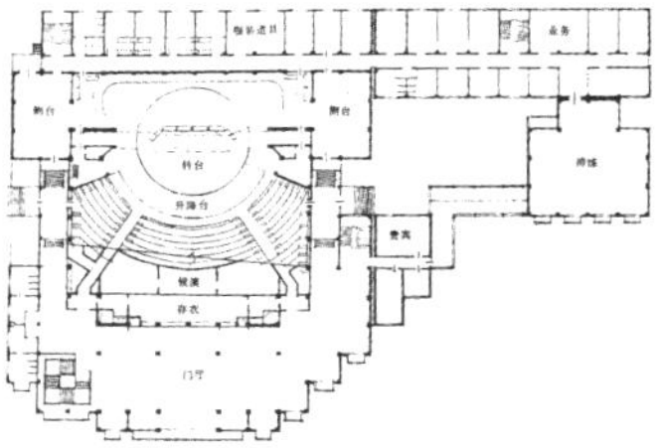

图 2-56
中央实验话剧院剧场（伸出式舞台）平面
资料来源：魏大中，吴亭莉，项端祈，等，编著．伸出式舞台剧场设计．北京：中国建筑工业出版社，1992：243

担的过渡既包括空间上的，也包括心理上的（指进入戏剧情境所需的心理准备）。北京的许多剧场的前厅过于狭促，无法起到上述的过渡作用。迟到的观众在前厅等候至幕间才能入场的规矩也因此没有在北京的剧场中形成，表演营造出的戏剧情境常常被迟到寻找座位的观众的干扰所破坏。另外，舞台及后台、侧台的规模多不合乎标准。北京最早的带有后台的剧场在 20 世纪 80 年代中期才出现，如 1983 年建成的中央戏剧学院实验剧场是北京第一个带有后台的剧场。

现代剧场：20 世纪 50 年代以来，随着戏剧演出的多元化，西方国家开始出现新型开放式舞台剧场，伸出式舞台、中心式舞台、终端式舞台和环绕式舞台剧场大量出现（图 2-54）。20 世纪 60 年代“黑盒子”剧场又大量涌现。80 年代初期小剧场运动的兴起标志着现代戏剧在北京的出现。1982 年，由高行健、刘会远编剧、林兆华导演的《绝对信号》开启了北京新时期小剧场运动的先河（图 2-55）。近十几年北京的现代戏剧发展很快，主要有以下两个动向：其一，大量“交叉戏剧”、“边缘戏剧”逐渐流行；其二，与传统戏曲相结合，将中国传统戏剧符号体系引入现代戏剧。随着现代戏剧的发展，北京的传统剧场已经不能满足演出需要，现代剧场作为一种新的剧场形式也开始出现。新的形式包括小剧场、露天剧场、伸出式舞台剧场、“黑盒子”剧场等。北京的一些戏剧团体如中国青年艺术剧院、北京人民艺术剧院、中央戏剧学院、中央实验话剧院等相继建起自己的实验剧场（图 2-56）。

电影录像：由于电影院的数量远远不能满足需要，露天电影院应运而生。这种形式在 20 世纪六七十年代的北京很常见。它是没有围墙的影院，与城市生活有着天然的融洽关系。当时的许多露天电影场是利用社区的公共活动场地而形成的

(图 2-57)。露天电影场在 20 世纪 80 年代中期就随着电影院的发展而销声匿迹了。在大学校园里，露天电影院延续的时间稍长，但到 20 世纪 90 年代初也基本不见了。20 世纪 90 年代后期，露天电影场再度在北京出现。[1]

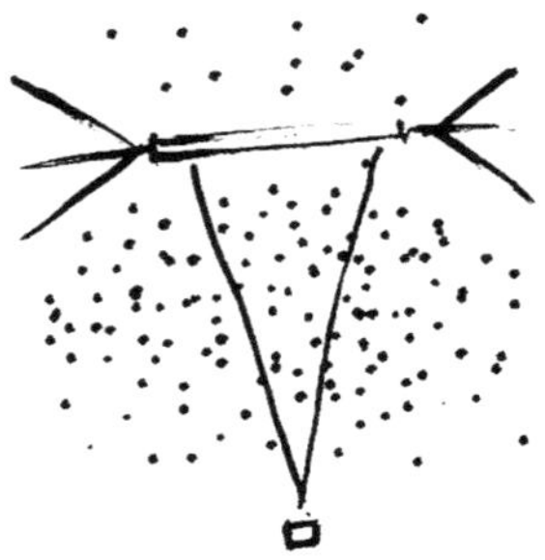

图 2-57
露天电影场（傅东绘）

20 世纪 80 年代初，电影院在北京有其特殊的地位，除了专门的电影院外，还有大量的兼营电影院。20 世纪 80 年代中期，电视机尤其是彩色电视机和录像机的普及使得人们不用去剧场或影院就可以观看戏剧或电影，因此影院在城市中的地位开始动摇。虽然随着电影发行市场的发展，可看的电影大大多于 20 世纪 80 年代初，但是走进影院看电影的人数却呈逐年下降的趋势。20 世纪 90 年代以来，北京出现了艺术影院（1990）、环绕音响影院以及汽车影院（1999）等新的电影院形式。北京电影院发展总的趋势是利用高科技手段尽可能在营造真实效果上做文章，并以此与无处不在的录像厅相抗衡。录像厅出现于 20 世纪 80 年代中期。录像厅在城市中的分布更广，位置上更接近市民生活的社区，设施简单，规模小，而且经常与其他娱乐设施共同经营，与城市生活的融合性优于电影院。由于不受电影拷贝的版权问题影响，观众的选择比在电影院大得多。录象厅的出现可以看作是对传统意义上的剧场和影院的解构，遍布街头的录象厅能带给观者即时的、直接的娱乐（图 2-58）。

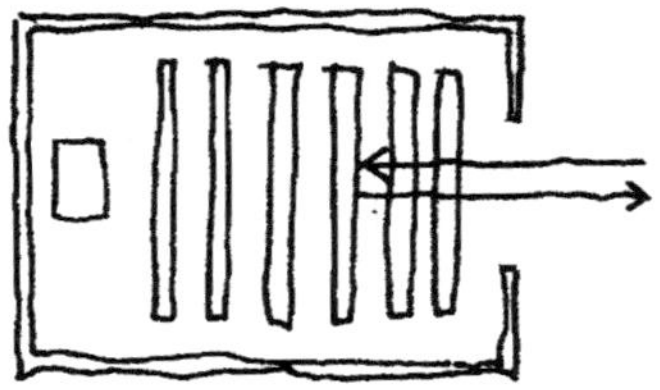

图 2-58
录像厅（傅东绘）

（2）广场空间

古代北京城市中常以四个牌楼围合街口，将街口空间放大，形成街口广场，各种公共活动就在这一空间中进行。交

---

[1] 陈柏.露天电影回来了［N］.北京青年报，1995-07-24（1）.1995年，西城区的福绥境办事处开始组织露天电影场，每次有300～400人参加。

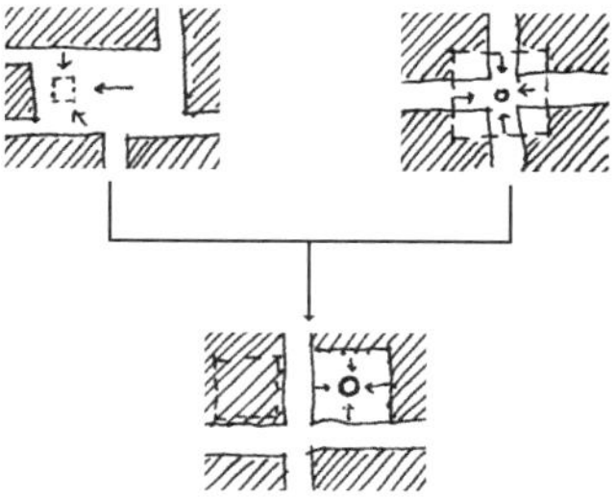

图 2-59
北京市民广场及其原型（傅东绘）
上左图为西方市民广场；上右图为北京街口广场；下图为北京市民广场

图 2-60
西单文化广场。资料来源：西单文化广场周边景色（八）[EB/OL].(2002-09-27)[2006-05-20]. http://news.tom.com/Archive/1020/2060/2002/9/27-66919.html

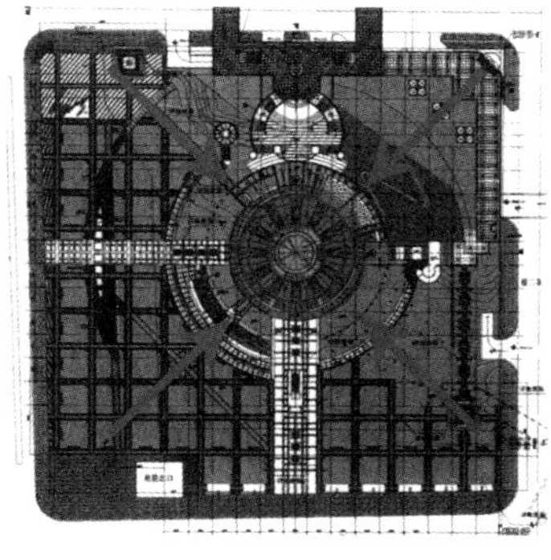

图 2-61
西单文化广场观演功能分析
第一，下沉露天剧场适用于小型观演活动
第二，专用的舞台适用于“文化广场”等大型观演活动。资料来源：根据“北京市建筑设计研究院西单文化广场设计组．面向新世纪的北京西单文化广场．建筑学报，2000（3）：51-55”中图片改绘

叉路口确定了街口广场的中心，发生于此的大众观演活动中心常常与这个中心相重合。但街口广场是道路的一部分，虽有牌楼的限定，其作为广场的形态并不完整。而北京的市民广场虽然仍与城市道路交叉点相关，但是偏移到了街角一端，从而具有稳定状态（图 2-59）。在北京城市总体规划中，规划中的北京市民广场占据了几乎所有市区内的重要十字路口，这一格局明确体现了北京市民广场与北京街口广场的承继关系。

市民广场：新中国成立以来，北京出现了第一个城市公共广场——天安门广场。但天安门广场是仪式广场而非市民广场。20 世纪 90 年代中期，北京兴起“文化广场热”。由北京市文化部门组织的“文化广场”活动实际上是将专业或半专业演员的歌舞表演从剧场移植到了室外公共空间。第一个真正意义上的市民广场——西单文化广场迟至 20 世纪 90 年代末才在北京出现（图 2-60）。西单文化广场是“文化广场”热中北京市民广场的典型代表，它坐落于西单商业街与长安街交叉路口的东北角，明显存在北京街口广场的痕迹。但相比于街口广场，西单文化广场偏于路口一角，其稳定性并不被城市道路所干扰。西单广场在空间上以北侧华南大厦南立面的中心线作为其南北主轴，该轴线与西单路口 45° 线的交点作为整个广场的中心。整个广场的中心是一个圆形下沉区域，周围环形布置的台阶将此区域变成露天小剧场。这一区域的北侧设有专门用于表演的舞台。这些设施为演剧模式观演活动的发生提供了条件（图 2-61）。

1999—2000 年北京相继出现了几个同类型的市民广场，如为世纪庆典而修建的中华世纪坛广场、复兴门金融街广场、人民大学东门广场等。新出现的市民广场虽经过建筑师的设计，但并不一定都能导致演剧模式大众观演活动的发生。人民大学东门广场就是一个例子。虽然设有被环形台阶围绕的中心，但由于紧邻交通繁忙的城市干道及公共交通疏散地，在其建成的近一年时间中从未有演剧模式大众观演活动发生。这里基本上变成了行人走捷径时选择的交通空间。另一处市民广场——复兴门的金融街广场则成了滑板表演的固定场地，是北京两处最著名的滑板表演场地之一（图 2-62）。

演唱会的前身是广场表演和街头表演，它是一种广场型大众观演活动。其广场表演的本质没有改变（图 2-63）。北京演唱会的发展始于 20 世纪 80 年代初。由于缺乏足够规模的城市广场，以及有关部门对于公开的大规模群众集会的顾虑，演唱会主要在各个大型体育场馆和一些剧场举办。

庙会作为一种空间形式，是集市的一种类型。在北京庙会的发展过程中，其宗教功能逐渐退化，商品交换和大众观演活动成为其主要内容（图 2-64）。老北京的集市和庙会是各种街头表演活动云集之所。20 世纪 80 年代以来，一些传统特色的街头表演活动也重现北京的庙会。此外，还出现了真正的游荡艺人，他们占据地铁入口、过街天桥、地下通道等人流集中的交通空间，以路人为观众进行表演。

酒吧街区：酒吧从本质上说是一种广场空间，它对城市完全开放，其间发生的活动完全是城市生活的一部分（图 2-65）。20 世纪 90 年代以来，现代意义上的酒吧在北京出现，最早的有朝阳区的东三环路沿线和海淀区中关村一带外国人出没的地区，主要面向外国人。1996 年，三里屯第一家酒吧开张，到 2000 年，这里已经有酒吧几十家，形成了北京著名的“酒吧一条街”。此外北京还有几处著名的酒吧街，如五道口等。酒吧在本质上与茶馆相似，所以对茶馆并不陌生的北京人比较容易接受酒吧开始时作为一种舶来品出现在北京。

图 2-62
北京市民广场比较
上图为有观演活动发生——金融街广场（傅东摄，2000 年 5 月）
下图为无观演活动发生——人大东门广场（傅东摄，2001 年 2 月）

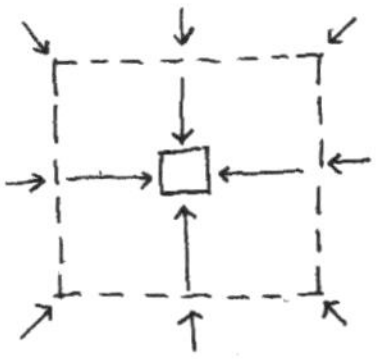

图 2-63
演唱会（傅东绘）

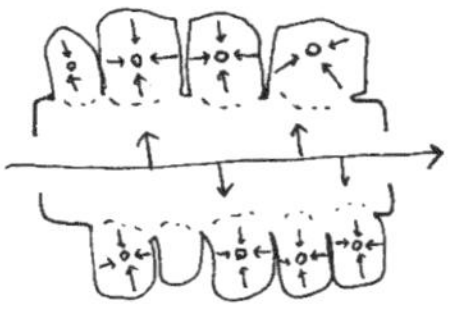

图 2-64
庙会（傅东绘）

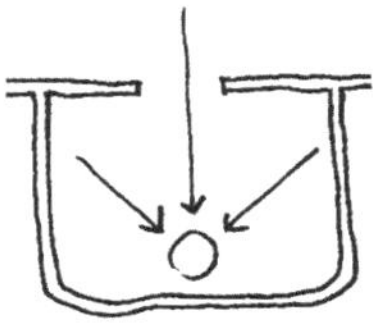

图 2-65
酒吧（傅东绘）

1996 年以来酒吧发展很快，到 2001 年已经有几百家之多，分布上除上述东三环及中关村这些泡吧人群集中的地区较为集中外，遍及整个北京（图 2-66）。近几年北京还出现了许多酒吧的变种，如书吧、氧吧、迪吧、网吧等。

2. 演剧型空间的演进

1980—1985 年：剧场空间占主导地位，其中戏剧的发展处于低谷，剧场的数量较少；看电影当时是北京人生活中的主要娱乐项目，看电影的人数为 20 年来最高，北京的电影放映场已有比较完善的覆盖全市的网络体系，这一体系由城市级的电影院和社区级的露天电影场组成，放映场总数达到了 3192 个。这一阶段广场空间尚未出现于北京。

1985—1990 年：剧场空间向社区渗透，体现在电影放映场的分布状况的变化。录像厅出现并开始迅速取代电影院的地位。20 世纪 80 年代中后期，录像厅大量出现并在观众人数上逐渐压倒电影。1988 年上半年北京共放映录像 12334 场，观众达 504.6 万人次，远远高于同期电影观众。[1]竞争中占尽优势的录像厅纷纷在电影院附近开业，直接对电影院的生存构成威胁。广场空间最初以庙会和演唱会这两种形式出现。在这一阶段，北京的工体、首体、北展剧场等几乎成了演唱会的同义语，同期举办的演唱会次数远远超过了体育比赛。演唱会使北京的体育场馆具有市民广场的特征。20 世纪 80 年代中期，北京开始恢复传统庙会，1985 年举办了第一届地坛庙会。[2]恢复后的庙会以物流和大众观演为主要功能，已经完

图 2-66
北京的酒吧。资料来源：三里屯酒吧 [EB/OL].(2003-09-19)[2006-05-04]. http://www.beijing.gov.cn/ly/tsqy/t20030919_0895.htm

[1] 杨菊芳，刘鸿君.迷离的录像带（上）[N].北京青年报，1990-06-05（8）
[2] 北京庙会［EB/OL］.［2006-05-05］.http://www.dragonstrail.com.cn/beijing/index-ms.html

全丧失了宗教功能。最重要的一种广场空间——市民广场尚未形成。

1990—1995 年：20 世纪 90 年代初北京电影放映场的发展有两个趋势。一是录像厅化趋势。如开设小厅给观众更多选择、增加其他娱乐设施使观众获得多方位的满足、捆绑式放映（夜场一次可以看四五部片子）等。二是专业化趋势。通过影院设施的改进或放映影片类型的限定来强化虚拟情境的创造，以此与娱乐化的录像厅相对抗。20 世纪 90 年代初，北京出现了四家艺术影院，专门放映经过挑选的艺术类影片。20 世纪 90 年代中期以来，配合进口大片的引进，一些影院更换了先进的音响系统。此阶段剧场空间的发展处于低谷，导致不少传统剧场被迫改作其他用途甚至被拆除。如二七剧场改成了餐馆“陈记楼”，广和剧场改成歌厅，吉祥戏院因王府井地区的开发被拆除，等等（图 2-67）。一些电影院也被改作他用。如北京铁路工人文化宫 900 座影院改成录像厅，五道口影院改成杰克逊迪厅（图 2-68）。随着 20 世纪 90 年代中期“文化广场热”的兴起，市民广场开始出现。“文化广场”活动起初多借用城市公园中的空场或拆除了围墙的入口广场进行，可以说是北京市民广场的雏形。演唱会在北京逐渐退出大型体育场馆，场馆随着足球联赛的开始而成为狂欢型空间。

1995—2000 年：剧场空间中影剧院的生存状态仍然没有改观，电影放映单位的数量大幅度减少至只剩 300 多个。以国家大剧院竞赛为契机，剧场的发展在 1998 年有了转机。2000 年，国家大剧院的正式开工标志着北京剧场发展进入了一个新阶段。演唱会有两个新的发展趋势。一是小型化。小规模的演唱会增加了表演者与观众间的交流机会，广场表演的特征更

图 2-67
北京传统剧场功能的变迁
上图为改作餐馆的二七剧场；下图为改作歌厅的广和剧场（傅东摄，2001 年 3 月）

图 2-68
曾经被改成迪厅的五道口电影院
（傅东摄，2001 年 3 月）

明显，比如酒吧表演、歌迷会等。二是广场化。随着北京城市广场的增多，有更多的演唱会真正有机会以“夏日文化广场”的形式在城市广场上举办。1998 年北京第一个真正意义上的市民广场——西单文化广场建成，随后又有几个新的市民广场出现。另外有一批原入口广场被改为了市民广场(图 2-69)。到 20 世纪 90 年代末，北京形成了一系列著名的庙会等活动，有“八大庙会”、“七大游园会”、“五大灯会”[1]之说。

图 2-69
拆除大门——入口广场成为市民广场
上图为北京理工大学入口广场；下图为国家图书馆入口广场（傅东摄，2001 年 3 月）

3. 演剧型空间的分布

剧场空间：二环路以内影剧院相对密集，其中尤以王府井、珠市口、西四、东四、崇文门地带最为集中；二环路与三环路之间影剧院的数量急剧减少，且大部分集中在靠近二环路的位置；三环路以外属于城市边缘区，影剧院呈组团式分布，一般四五个距离较近的形成一个组团。大多数组团都处于某一个相对独立的城市边缘亚文化区的中心位置，图 2-70 中显示的位置有中关村、学院路、亚运村、望京新城、朝阳 CBD 区、潘家园、木樨园、丰台和公主坟等。组团之间相距很远，其间几乎成为空白区域。对于位于组团之间的市民来说，由于距离较远，前去观看一次演出并非是一件很日常的事情，因而更多的时候他们选择了在其生活的社区中就近寻找类似

图 2-70
北京剧场型空间分布图
图中黑点表示影剧院位置，虚线范围内表示城市级剧场型空间集中区域。
资料来源：影剧院位置分布依据《北京城市总体规划（1990—2010)》

[1] 张景华.八大庙会七大游园闹京城[EB/OL].生活时报(1999-02-07)[2006-05-05]. http://www.gmw.cn/01shsb/1999-02/07/GB/883%5ESH1-732.htm.“八大庙会”指地坛庙会、白云观庙会、龙潭庙会、大观园红楼庙会、石景山京西庙会、丰台民俗庙会、朝阳东岳庙“祈福”文化庙会和大兴迎春文化庙会；“七大游园”指团结湖公园游园会、朝阳公园游园会、日坛公园游园会、圆明园“过大年”新春游园会、金海湖迎春烟火晚会、北京鳄鱼湖公园游园会和朝阳区朝来农艺园的“新春赶集”游园会；“五大灯会”指东岳庙“灯丰照吉”灯会、燕山元宵节灯会、平谷人民公园新春花灯展、延庆龙庆峡冰灯艺术节和昌平龙脉民俗灯会。

的观演空间，如录像厅、露天电影场等（图 2-70）。录像厅的分布遍及城市中的各个角落，其中城乡结合部远离影剧院组团的地区录像厅的分布密度更大。

广场空间：市民广场沿城市主要道路线性发展。长安街沿线重要公共建筑沿街两侧排列，产生出许多沿街入口广场，其中作为市民广场对城市开放的有海洋局前广场、金融街广场、远洋大厦广场、国际金融中心广场、东方广场主入口广场、长安大戏院广场等。加上新建成的两个市民广场——中华世纪坛和西单文化广场以及规划中的国家大剧院广场，长安街沿线形成北京重要的市民广场群。沿南北中轴线有天桥广场、前门广场、天安门广场、故宫午门广场及规划中的钟鼓楼间广场、永定门广场等。白颐路沿线开放的市民广场有国家图书馆前广场、首都体育馆广场、北京理工大学入口广场、人民大学东门广场、当代商城广场、海龙大厦广场、太平洋大厦广场等。王府井大街——亚运村沿线有王府井街口广场、百货大楼前广场、天主教东堂前广场、地坛入口广场、奥体中心入口广场、亚运村五洲大酒店前广场以及规划中的美术馆前广场、安定门街口广场等。此外二环路沿线、平安大街沿线及旧城中的新街口——菜市口沿线、北新桥——磁器口沿线等均为现有市民广场和规划中市民广场集中区域（图 2-71）。产生这一现象的主要原因是北京现有的市民广场多为街口广场和临街入口广场等与街道关系密切的广场类型，市民广场的沿街布局导致北京的市民广场分布非常不均。同时，由于市民广场多与城市道路或街口相邻，由建筑师精心设计的市民广场往往并没有按照其意愿成为演剧型空间，而是长时间闲置或成为了辅助的交通空间。（图 2-72）

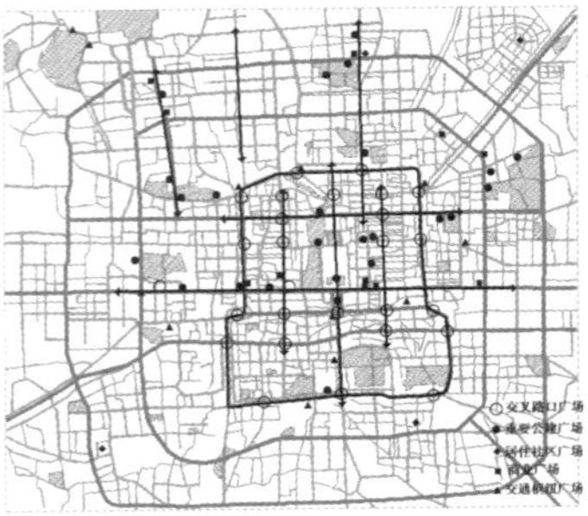

图 2-71
北京市民广场现状分布
图中箭头线表示北京市民广场分布比较集中的主要街道（傅东绘）

图 2-72
人民大学东门口公共广场
上图为由于紧邻繁忙的城市道路，精心设计的广场并未被相应的活动占据，成了闲置的空地（傅东摄，2001 年 3 月）
下图为预期的演剧模式活动场面从未在此发生过（根据傅东摄照片改绘）

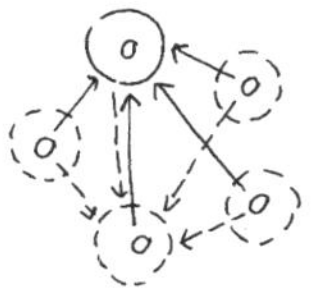

图 2-73
自娱型空间（傅东绘）

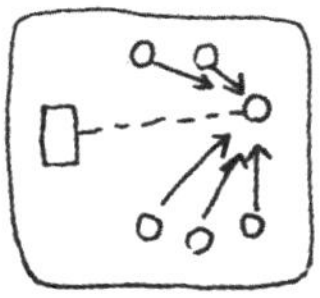

图 2-74
卡拉 OK 厅（傅东绘）

图 2-75
卡拉 OK 厅实景
资料来源：MTV 维权风暴刮到广州涉及超万家卡拉 O K 厅 [EB/OL].(2004-10-12)[2006-05-22]. http://www.shm.com.cn/newscenter/2004-10/12/content_429068.htm

（三）自娱型空间

自娱型空间是非匀质型大众观演空间，空间中存在中心与边缘的对立，但这种对立被弱化，处于中心的表演者不再具有权威性，因此中心在空间中并不具有突出地位。表演者与观众角色易置换的特点体现在空间上，使得空间关系趋于简化，因为复杂的空间序列将导致观演双方的隔绝，从而阻碍观演角色的转换。因此，在自娱型空间中，中心和边缘的关系是直接的、简单的、不稳定的（图 2-73）。自娱型空间可分为高技空间和群聚空间两种。

1. 自娱型空间的形式

（1）高技空间

卡拉 OK 厅：卡拉 OK 厅是专门用来举行卡拉 OK 活动的场所，与一般歌厅所不同的是，卡拉 OK 厅中不存在作为表演区被明确限定的中心，或者虽然存在，也不同于演剧型空间那样对中心的占有是某些特定表演者的特权，任何参与者都有机会轻易地成为中心（图 2-74、图 2-75）。北京较早的卡拉 OK 厅由一个规模较大的歌厅和许多规模小得多的 KTV 包间组成，参与者往往属于一个共同的“口语圈”，也就是说，活动的群体成员一般同时是隶属于其他关系密切的社会群体，如单位同事、学校同学或亲戚朋友等。参与者之间已经存在的这层关系使得观众对于表演者有很大宽容度，这使得表演者能更容易进入自娱的状态。群体的任何成员之间可以随时进行谈话交流，这对于参与者的投入程度有直接影响。因此，KTV 包间一般是封闭的单间，有很好的私密性。其规模由参与者相互间的口语交流距离所决定，因此不可能太大，一般可容纳 10 人左右，面积在 $20m^2$ 左右。由于没有固定的表演区，

图 2-76
KTV 包间中的卡拉 OK 活动（傅东绘）

表演者可以站在观众面前，也可以混杂于观众中间，确立其中心地位的是他手中的话筒以及它所连接的卡拉 OK 音响系统。话筒随每首歌传递，空间的中心也在不断地变化（图 2-76）。北京卡拉 OK 活动出现在 20 世纪 80 年代中期，一种带有卡拉 OK 功能的录像机或影碟机的出现使其全面进入普通家庭，继而有人将其摆到室外招揽生意。露天卡拉 OK 空间多见于北京城市边缘地带。这种地区流动人口多，各种文化模式（城乡间的、本土与外来间的）冲突较大，所以露天卡拉 OK 这一具有强烈解构意味的活动极易流行。近些年各大庙会上也出现了露天卡拉 OK 活动（图 2-77）。

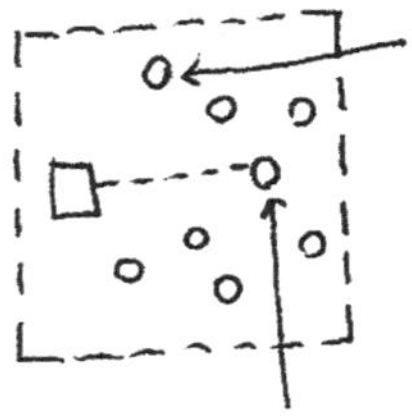

图 2-77
露天卡拉 OK（傅东绘）

电子游戏厅：电子游戏最早于 20 世纪 80 年代初出现在北京，主要参与者是青少年（图 2-78）。技术升级的周期总是短于人们对于旧有技术提供的满足感感到厌倦的周期，持续不断的新的满足感是电子游戏在北京得以生存下来的主要原因。伴随技术的发展，如同卡拉 OK 一样，电子游戏和电脑游戏分别在 20 世纪 80 年代末和 90 年代末大量进入北京普通家庭，最大限度实现了普及。但是电子游戏厅的存在和发展并未受此影响。目前北京电子游戏厅的数量仍呈逐年增加的趋势。在别人的注视下进行游戏可以获得比家中多得多的自娱满足感。在电子游戏厅中，表演者与游戏机结合形成了空间的中心，这个临时性的中心随着游戏的结束而消失。其他观众可以随时加入游戏，从而形成新的中心（图 2-79）。

图 2-78
北京某电子游戏厅（傅东摄，2001 年 3 月）

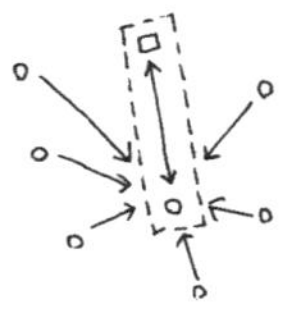

图 2-79
电子游戏厅（傅东绘）

（2）群聚空间

街头舞蹈空间：街头舞蹈空间由老北京街巷发展而成，是现代街道中被用以进行自娱模式观演活动的特定空间。这一方面表明，北京的市民活动空间相对匮乏；另一方面也表现出市民对交通性道路隔断城市生活的无奈（图 2-80、图 2-81）。

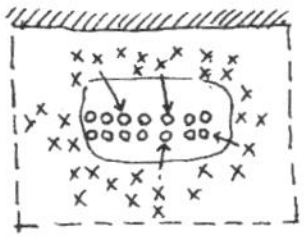

图 2-80
街头舞蹈空间（傅东绘）

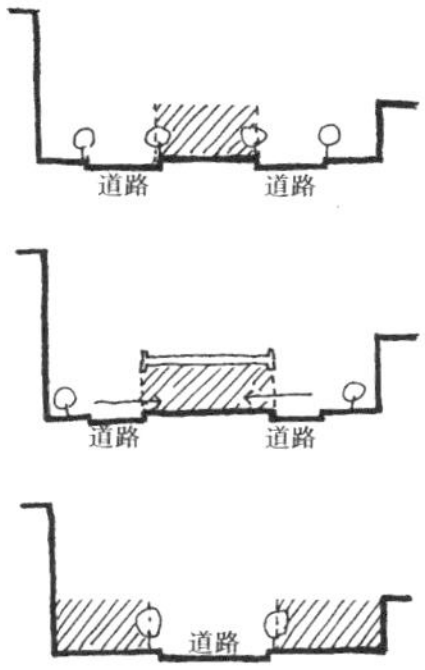

图 2-81
北京街头舞蹈空间中与道路有关的类型
（阴影所示区域）
上图为街心花园；
中图为立交桥下；
下图为街边人行道
（傅东绘）

街头舞蹈出现在北京有其必然性。首先，它为弱势群体提供廉价的娱乐机会；其次，以群体形式出现意味着表演者的表演被群体的力量数倍放大，这样的活动使作为弱势群体的表演者有机会发出自己的声音，从而引起更多的关注。活动没有严格固定的时间和地点，但也呈现一定的规律。时段上多为傍晚的几个小时，活动发生的地点多在街边狭小的空地。街头舞蹈活动充分利用这些零散而且狭小的空间。街头舞蹈空间一般出现在街边相对静态的场地，场地的某一两个方向较为封闭，便于观众围合出表演区（图 2-82）。比如北京的许多立交桥桥下空地每到傍晚就被街头舞蹈活动占据（图 2-83）。此外，一些城市广场、大型停车场、公建入口疏散广场、小型社区公园、对外开放的学校及单位操场等在每天的特定时段里也成为街头舞蹈空间。街头舞蹈空间的规模由参与者

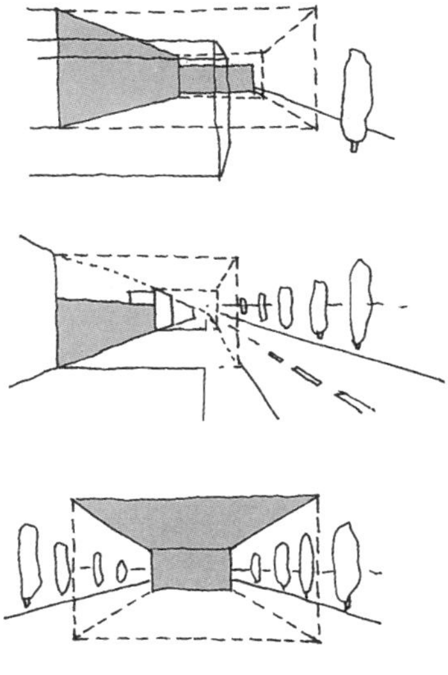

图 2-82
北京街头舞蹈空间形成示意（阴影所示区域为自然边界）。上图为街边人行道局部放大处；中图为立交桥下；下图为公共建筑入口处。（傅东绘）

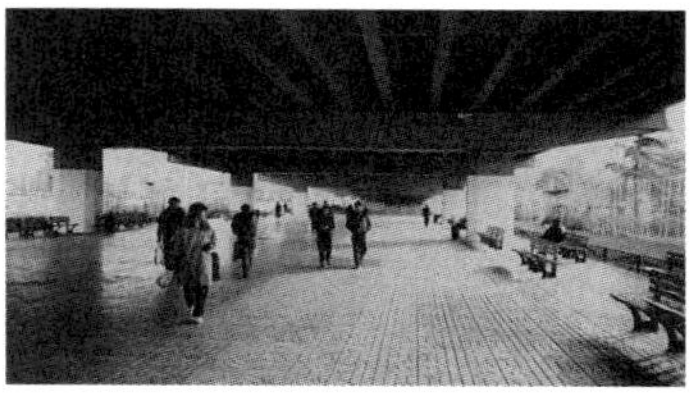

图 2-83
立交桥下——街头舞蹈空间
（傅东摄，2001 年 3 月）

相互间口语交流距离确定。典型的街头舞蹈空间的场地一般为 200 ~ 300m^2。当场地面积较大时，一组活动往往只占据其中的一部分，或是由几组以上的街头舞蹈活动分享，形成几个平等的独立活动空间（如军事博物馆门前广场、中央电视塔前广场、海淀剧院门口等）。不同的活动形式对应着不同的街头舞蹈空间类型。以街头秧歌舞为例，参与者是年龄 50 岁以上的群体，尤其以退休在家的老年人为主。表演群体的规模从二三十人到上百人的都有。一般有一个三四人的伴奏班子，主要使用大鼓、镲、锣等打击乐器，更正规的班子里还有唢呐手，其余的都是跳舞者，以老年女性为主。观众大都是在表演开始后逐渐聚集起来的，他们自动紧密包围表演者，围合出边界明显的空间（图 2-84）。

群体表演空间：群体表演空间中的表演区处于匀质状态，每一个体之间的地位相等。表演群体是大量个体的集合，所以表演区往往占据足够大的区域，以便容纳表演群体。观众区与表演区必须保持一定的距离，这样观众才能够将群体的表演尽收眼底（图 2-85）。集体舞是 20 世纪 80 年代流行于北京的一种活动，常见于校园等以年轻人为主的社会群体中，也是各种庆典活动的“必备节目”（图 2-86）。1984 年国庆 35 周年庆典中就有大型集体舞表演。这种活动的局限性在于过于限制个体在活动中的发挥，所能带来的满足感非常有限。集体舞表演中由排成队列的个体组合出各种平面图案，个体在表演中对于群体构建这些图案的意义远超出了其个人表演的意义（图 2-87）。北京的重大庆典活动中经常有团体操表演（图 2-88），表演区的范围即整个方阵。由于其范围相当大，真正的观众区必须退至足够远的距离，以便能够忽略个体表演者而总览整个方阵的表演。比如对于在天安门广场进行的团体

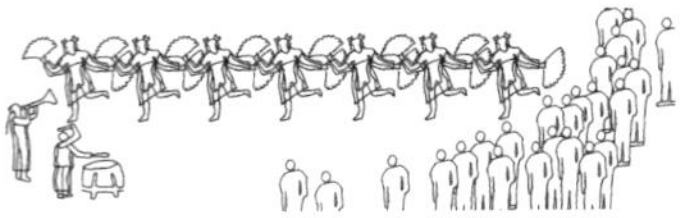

图 2-84
北京街头的秧歌表演（傅东绘）

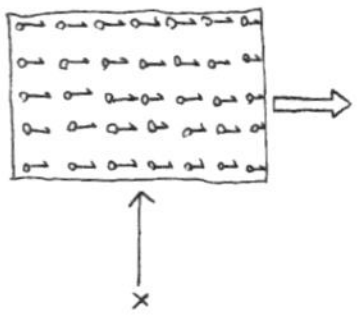

图 2-85
群体表演空间（傅东绘）

图 2-86
集体舞
资料来源：张勤．图：北京学生表演集体舞[EB/OL].(2006-04-30)[2006-05-22]. http://news.tom.com/2006-04-30/000N/24943672.html

图 2-87
集体舞表演空间（傅东绘）

图 2-88
团体操表演（傅东绘）

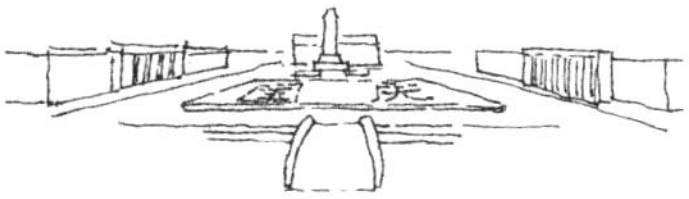

图 2-89
从天安门城楼看广场上的团体操表演（傅东绘）

操表演，观众的最佳位置在天安门城楼上（图 2-89）。每逢重大节日和重要活动，团体操表演是必不可少的一个项目。表演需要足够规模的场地，所以像天安门广场、工人体育场等经常被用来举行团体操表演。

2. 自娱型空间的演进

1980—1985 年：20 世纪 80 年代初高技空间开始在北京出现。电子游戏最早在 1983 年左右出现。当时北京的几个公园里引进了日本的 8 位电子游戏机，开设了北京最早的电子游戏厅。那时的电子游戏机无论色彩和音乐都过于单调，情节相当简陋。但在当时，它是最早将技术手段与娱乐结合起来的一种活动。群体中心型空间中，群体表演空间在 20 世纪 80 年代以前就已经出现。20 世纪六七十年代大型团体操表演盛行于北京。20 世纪 80 年代初，随着集体舞流行于北京的校园，集体舞表演空间出现。

1985—1990 年：卡拉 OK 在北京的兴起在 20 世纪 80 年代中期。1985 年左右出现附属于各个文化馆的卡拉 OK 厅，很快就有了独立的卡拉 OK 厅或附属于饭店、餐厅、歌厅的卡拉 OK 厅。到 1989 年北京有卡拉 OK 厅 70 多个。从 20 世纪 80 年代中期的卡拉 OK 开始，几乎每当一种新的技术被应用到大众观演活动中，这种活动必定在一定时间里成为时尚。因为它能够使几乎任何人对自我实现的需求轻易地得到满足。但是，正因为这种通过技术手段实现的个体需要的满足是不真实的，容易破灭，所以技术必须不断升级以应付不断提高的个体需要。

1990—1995 年：这一阶段是北京大众化进程中社会转型比较剧烈的几年，北京的自娱型空间有较大发展，卡拉 OK 厅的数量在这个阶段有较大增长，到 1995 年，北京共有卡拉 OK 厅 641 个，全年举行活动 130450 场。到 20 世纪 90 年代中后期，一种完全由 KTV 包间组成、不再设大歌厅的卡拉 OK 厅成为北京卡拉 OK 厅的主流形式。20 世纪 90 年代初街头舞蹈开始流行，以街头秧歌舞和街头交谊舞为主。到 1995 年，街头秧歌舞达到鼎盛阶段。据统计，当时北京共有近千支队伍，其中达到上百人规模的有 100 多支，参与表演者有数万人。街头舞蹈空间遍及整个北京，几乎所有可以被利用的街边空地都被用于街头舞蹈活动。

1995—2000 年：针对街头舞蹈带来的种种问题，1995 年起，北京文化部门开始对其进行管理。如在有些地区，秧歌活动被限制在晚 7 点至 8 点半，场地距离居民区至少 200m。针对噪声问题，市文化局提出逐步以伴奏带取代现有乐器。因此，1995 年成为北京老年秧歌活动开始衰落的转折点。1998 年左右，文化部门又进一步对其进行限制，一方面提出街头舞蹈广场化，试图将其限制在一些固定的公共广场内；另一方面倡导街头舞蹈规范化，表演内容由文化部门统一规定。这些限制改变了老年秧歌舞的自娱特点，使其从自娱模式转向了演剧模式。此后，北京的街头舞蹈空间比鼎盛时期已经大大减少，而且从原来的见缝插针、充分利用城市交通空间转向市民广场。

到 1995 年，北京共有电子游戏厅 530 个，全年共有 674.3 万人次参与过活动。1996 年增加到 711 个。20 世纪 90 年代中后期，一种作为电子游戏厅替代物的网吧大量出现，电脑的应用使电子游戏在技术上出现了一次飞跃，电子游戏厅的数量有大幅度增加。

3. 自娱型空间的分布

高技空间：高技空间包括卡拉 OK 厅、电子游戏厅等都是深入社区的空间形式，在城市中的任何角落都有分布。卡拉 OK 厅除了出现在饭店、餐厅，与其他娱乐形式结合外，还出现了一些由数家乃至数十家卡拉 OK 厅聚在一起，与其他娱乐场所共同形成的“娱乐一条街”。由于活动参与者以在校中小学生为主，电子游戏厅大都分布在学校附近的一定距离内。此外，大型商场附设电子游戏厅的情况也比较多见。

群聚空间：街头舞蹈空间在城市中分布很广，街边空地、社区公园、市民广场都常常用于街头舞蹈活动。其中不同的活动往往占据不同类型的城市空间。以老年人为主要参与者的街头秧歌活动常占据与街道关系密切的零散空间，如街边、立交桥下、公建入口广场等。以中年人为主要参与者的街头交谊舞活动常在社区公园中进行。以青少年为主要参与者的滑板、轮滑活动常在市民广场中进行，如金融街广场、首都体育馆院内广场等。群体表演空间需要容纳大规模的群体表演活动，所以通常是城市中规模较大的空场，如学校和单位的操场、体育场、较大的城市广场等。天安门广场每逢重大活动时都要举行大规模的群体表演。

图 2-90
休闲型空间（傅东绘）

（四）休闲型空间

休闲模式大众观演活动是城市中人群密集的公共场所经常发生的大众观演活动，可以形象地称为“人看人”活动。人的活动并不是刻意的表演，他们所做的仅仅是在正常生活状态下的一些活动，但是由于观看者的存在，他们成了表演者。活动中的表演者角色就是生活中真实的自我（图 2-90）。休闲型空间是一种匀质型大众观演空间，但是并未达到绝对匀质状态，一部分倾向于成为观众的参与者有退至空间边缘的趋向，这使得休闲型空间中的中心与边缘仍隐约存在（图 2-91）。休闲型

图 2-91
休闲模式观演活动中的表演者
（根据傅东摄照片改绘，2001 年 3 月）

空间可分为主动状态下的散步空间和被动状态下的等候空间（图 2-92、图 2-93）。

1. 休闲型空间的形式

（1）散步空间

步行街：在现代城市中通过设法减少或禁止机动车进入某些商业街道而形成商业步行街。商业步行街直到 20 世纪 90 年代才真正出现在北京。北京较著名的商业步行街有王府井商业街、琉璃厂古玩字画一条街、三里屯酒吧街等（图 2-94）。王府井步行街的两侧设有固定的条凳供闲逛的行人驻足，以形成“人看人”的休闲模式观演活动。三里屯酒吧街则沿街布置室外咖啡座，同时沿街酒吧面向街道的立面在白天街上行人活动频繁的时间里完全开敞，成为街边咖啡座的延伸（图 2-95）。城市散步道常邻道路或河道、湖泊，一般不与商业活动结合，是纯粹的休闲空间。狭长的散步道以步行线路为主干，串联起一个个点状公共空间。散步者穿过这些点状空间时，与同在散步的人形成互相观看的休闲模式观演关系（图 2-96）。

社区公园：小公园是北京居住区中常见的一种岛状公共空间。虽然多有围墙与社区其他部分相隔，但是围墙的作用被日常社区生活的频繁穿越所削弱，所以小公园不同于北京的许多封闭管理的大型公园，它更像一个小广场。它的规模很小，经常可以让人一眼望去就将整个公园尽收眼底。在这样一个小空间里的任何角落都可以观看到整个公园中所有人的活动，所有人互为观演对象。在一个社区中经常分布着几个类似规模的小公园，它们分别承担着一定区域内居民日常交往的功能。就社区中的每个居民来说，都可以容易地到达这里，与街坊邻里的熟人打打招呼，或者坐下来观看他人的活动（图 2-97）。20 世纪 90 年代以来北京建成的居住小区实行相对封闭的管理

图 2-92
散步空间
（傅东绘）

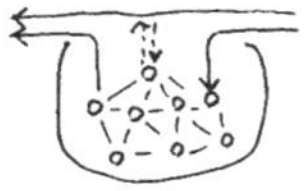

图 2-93
等候空间
（傅东绘）

图 2-94
上左图为王府井
上右图为琉璃厂 。资料来源：谁营造了北京琉璃厂 [EB/OL].(2005-04-08)[2006-05-22]. http://www.jianbao.com.cn/Article_Show.asp?ArticleID=79
下图为三里屯。资料来源：三里屯酒吧街（组图 ）[EB/OL].(2003-08-05)[2006-05-22].http://bj.21cn.com/baqi/xiaozi/bar/2003/08/05/1214775.shtml（傅东摄，2000 年 2 月）

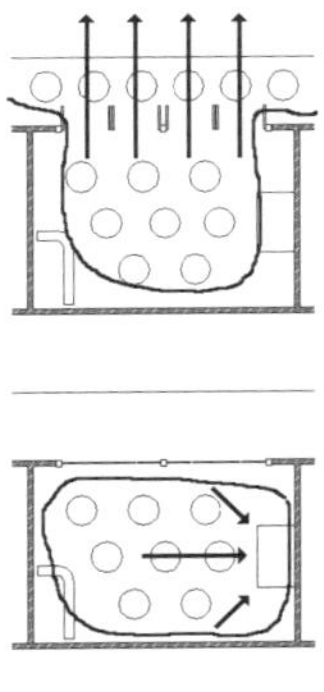

图 2-95
酒吧街空间分析（傅东绘）
上图为打开门酒吧与步行街共同构成休闲型空间；下图为关上门酒吧成为演剧型空间

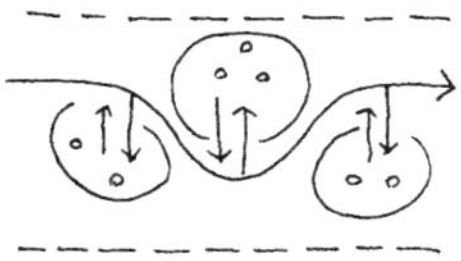

图 2-96
城市散步道（傅东绘）

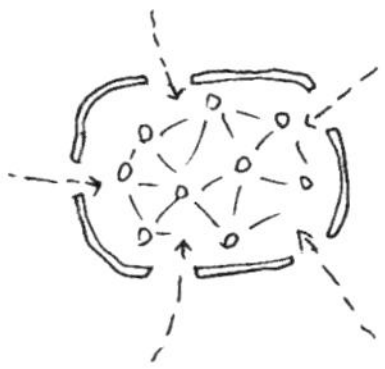

图 2-97
小公园（傅东绘）

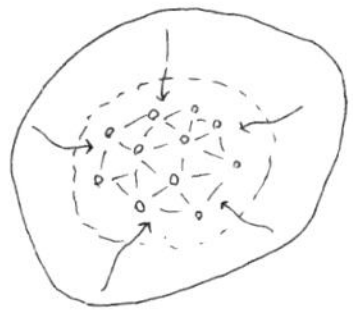

图 2-98
居住区广场（傅东绘）

模式，但是这种做法有别于大院的行政划分特点，主要出于安全方面的考虑。小区有了明确的边界，其内部的公共活动空间就相应地变得开放，成为没有围墙的广场，其作用基本等同于上述小公园。（图 2-98）

小区广场：小区广场或称小区中心绿地目前在小区规划设计中已经成为一种模式，即在小区中心位置由建筑围合出一个大的开放空间，其边缘有比较丰富的空间处理，如运用构架、植物、台阶等减小空间尺度，并以座椅、小品使空间趋于静态，形成一些便于观察他人活动的角落，中心部分相对开敞，放置喷泉、雕塑或是儿童游戏设施，吸引更多的人进入其中，以形成“人看人”的情境。在新建成的小区中，小区广场已经成为标准配置。

中庭空间：北京的公共建筑中庭空间出现于 20 世纪 80 年代初期，第一个有中庭的公共建筑是 1983 年竣工的长城饭店。长城饭店内的中庭有 6 层高，内有喷泉、水池、花木，并有可容 310 人的茶座。此后北京带有中庭的新建筑越来越多，而且从饭店发展到了写字楼、商场等，而对于普通市民也经历了由不开放到开放的过程。20 世纪 80 年代饭店的中庭与饭店一样是拒绝普通市民入内的。到了 20 世纪 90 年代初期，北京的饭店开始尝试吸引普通市民进来，但是人们进入其中更多的是为满足虚荣心。当时有民谣说：“大堂抽支烟，去趟洗手间，就着空调打电话，赛过活神仙。”公共建筑的中庭不再局限于建筑本身的使用，而是向城市开放，标志着它真正成为城市局部的活动中心，成为北京休闲型空间的一种重要形式。

（2）等候空间

车站候车室：车站候车室是专门的等候空间，是处于离站出发的空间动线上的一些静态空间，在此设有供等候用的坐椅和提示信息的大屏幕或广播。等候的人群中随时有人离开，新来的人又源源不断地加入等候的行列。等候者注视着熙来攘往的人群或者相互观看，以此打发心理上感觉十分漫长的等候时间（图 2-99、图 2-100）。

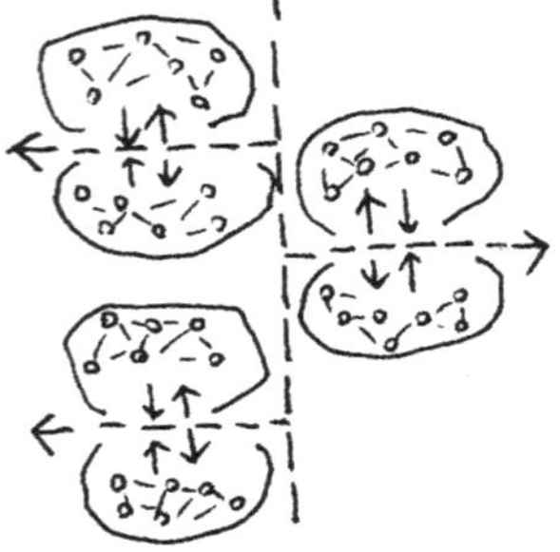

图 2-99
候车空间（傅东绘）

站前广场：站前广场也被用于等候，出发时间比较确定的等候者在时间相当充裕的情况下更愿意在这里等候。这里视野更开阔，可以观看的事情更多，等候者的活动余地也更大。

公交枢纽：公交枢纽在北京城市中大量存在，而且其分布趋于均匀，以此形成一个覆盖整个城市的公共交通网络。由于大多数人在城市中的活动都要依赖城市公共交通系统，因此公交枢纽作为一种休闲型空间的意义凸显出来。公交枢纽是城市中日常公共交通空间的重要节点，在此有大量的人群出发和到达，或换乘其他交通工具。人群在此停留的时间不长，但是等车和换乘中的短暂时间也是一些意义丧失的盲点，让人感到无聊，因而等候的时间在感觉上比实际长了许多。在这里人们最容易做的用以打发时间的事情就是相互观看或观看其视线所及范围内可能的目标物体。这种观看使公交枢纽成为等候空间。等候中的人群往往密度很大，相互间的距离变得极小，这成了相互观看的有利条件。（图 2-101）

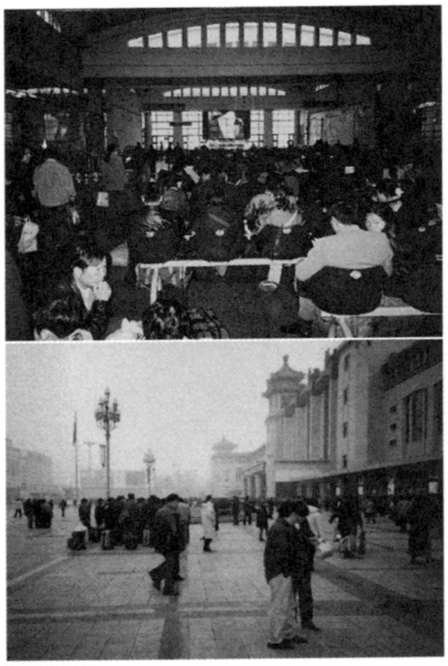

图 2-100
北京火车站室内外候车空间
上图为室内；下图为室外
（傅东摄，2000 年 2 月）

2. 休闲型空间的演进

1980—1985 年：休闲型空间的发展是与生活中闲暇时间的增加相关联的。20 世纪 80 年代初，北京人的闲暇时间很少，主要用于户内活动，如看书读报、干家务等。在日常生活中很少有“无所事事”的状态出现，休闲模式大众观演活动的概念基本上还没有建立起来。当时大院中放映露天电影时全院居民几乎全体聚集在中心广场上，在放映之前可以短暂地

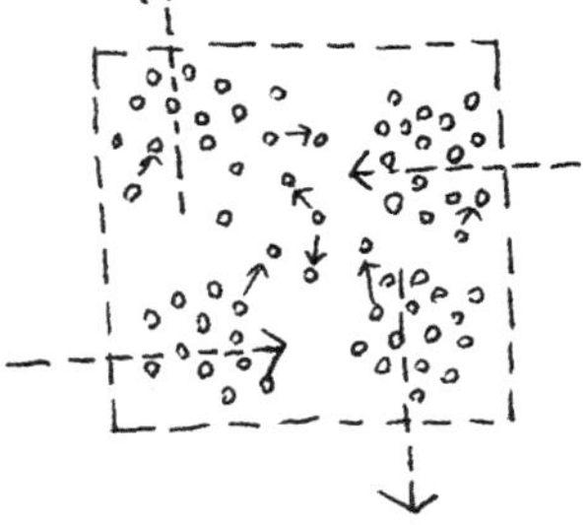

图 2-101
公交枢纽（傅东绘）

享受相互观看的乐趣。但是这种场面并不常见，在没有围墙的社区中散步空间几乎不存在。尽管北京第一个建筑中庭在 1983 年出现在长城饭店，但是其作为一种城市散步空间对于城市并没有什么影响。

1985—1990 年：等候空间的发展与北京人口流动机会大大增加有不可分隔的关系。这一阶段，随着人口剧增和外出活动的机会增多，城市公共交通发展很快，公交枢纽在城市交通系统中的地位凸显出来。

1990—1995 年：作为散步空间的中庭大量出现。20 世纪 90 年代初以来，中庭几乎成了北京新建大型商业型公共建筑尤其是饭店、写字楼、商场中的标准配置。它的开放性也大大提高。饭店用各种方法鼓励普通市民进入，如当时的饭店一日游活动等，商场更是对普通市民完全开放。中庭成为这些大型商业建筑中日常活动的主要平台。20 世纪 90 年代初，随着城市间人员流动的频繁，车站在客运高峰时滞留大量旅客的现象时有发生。在春运期间，北京火车站的候车室和站前广场人满为患，多时达数万人。而且很多人无法买到车票，只得长时间滞留车站，进行无休止的漫长等候。针对这种情况，车站候车室内和站前广场上设立了大屏幕电视供等候者消磨时间，但是等候空间中人看人的视线等问题并没有得到解决。

1995—2000 年：1995 年以来，人所能支配的闲暇时间大大增加，散步空间大量出现。比较著名的商业街像王府井、西单都进行了改造，加宽了步行道（王府井禁止机动车通过，成为真正的步行街），在路边设置大量休息座椅。几条著名的酒吧街如三里屯南街、北街，第三使馆区酒吧街，五道口韩国街等逐渐形成规模。社区公园逐渐成为居住区中的标准配套设施，新建成的居住小区中小区广场的地位越来越重要，成为购房者对小区总体评价的主要依据之一。开发商们尽管并不情愿，还是忍痛留出大片空地给小区广场。20世纪90年代末，大幅广告大量出现在公交枢纽中的人群候车处、换乘人群的流线上以及车身上。其中相当多的一部分是通过一组有情节广告的连续排列表达某一主题。如1999年5月，北京地铁里推出一组由100多幅广告组成的公益广告：赵半狄与熊猫咪。[1]这些广告的出现丰富了等候过程中可供观看的目标。

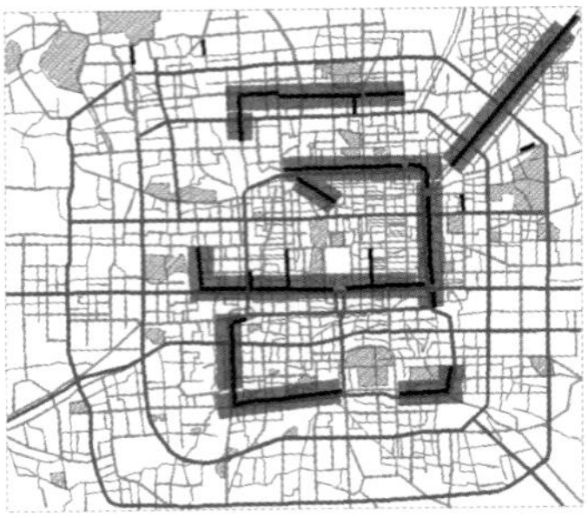

图 2-102
北京步行街现状分布（傅东绘）
图中黑色粗线表示步行街，灰色区域表示城市散步道覆盖到的城市区域（以每一边各500m宽计）

3. 休闲型空间的分布

散步空间：城市散步道主要沿旧城墙位置分布，其中最重要的散步道沿二环路——明清城墙遗址发展，首尾相连的环状散步道已经初具规模。另一处在元大都北城墙遗址的部分，即从小西门向北到学院路南口再向东直到太阳宫桥这一长近10千米、呈L形的元大都城垣遗址公园（图2-102）。社区公园在城市中分布较为广泛。在较早的街区中小公园的普及率本来就比较高，新建成的小区普遍设有自己的小区广场。大院的中心广场作为休闲型空间的功能逐渐显现出来。社区中的各种公共活动基本都是围绕着社区公园展开的。社区公园的功能不仅限于休闲型空间，它可以被当作一个活动平台，各种类型的大众观演活动都可以在此发生。社区公园体系的形成为北京大众观演活动的日常化创造了条件。

等候空间：城市中的公交枢纽基本上是沿主要街道分布的，越远离市中心其分布越少。长安街沿线、前门大街、二环路沿线、三环路沿线集中了大量公交枢纽，其中地铁沿线各站基本上都是城市级的公交换乘点。除地铁环线与一线的

[1] 赵半狄与熊猫咪[EB/OL].[2006-05-04].http://hk.cl2000.com/?/artist/show_painting.php?id=7843&pid=538

换乘站外，在北京尚未出现空间布局紧凑的高效公交枢纽，存在换乘路线过长等诸多问题（图 2-103）。

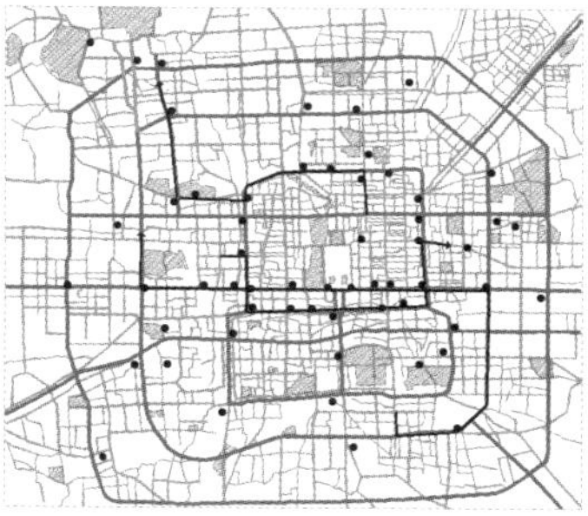

图 2-103
北京公交枢纽现状分布图（傅东绘）
图中黑点表示公交枢纽的位置；箭头线表示借助公交系统穿越城市路线，可以看出公共交通中枢纽的作用非常突出，是任何穿越城市路线中的必经点

（五）狂欢型空间

狂欢具有一种强有力的感染作用，这种活动消除了各种差距和界限，狂欢使所有的参与者既是演员又是观众，狂欢型大众观演活动与原始舞蹈有很深的渊源。狂欢模式大众观演空间可根据参与者的状态分为暗示空间和匿名空间。暗示空间呈匀质状态，个体之间所有的位置、互动等差别被抹去，群体的易受暗示性体现为空间的明确指向性，具体指向是暗示源的位置。由于大众群体的存在是暗示型活动的前提，所以暗示空间的规模都相当大，可以容纳很大数量的个体，这是群体特征凸显的保证（图 2-104）。匿名空间是绝对匀质状态的空间，所有点之间的地位完全均等（图 2-105）。

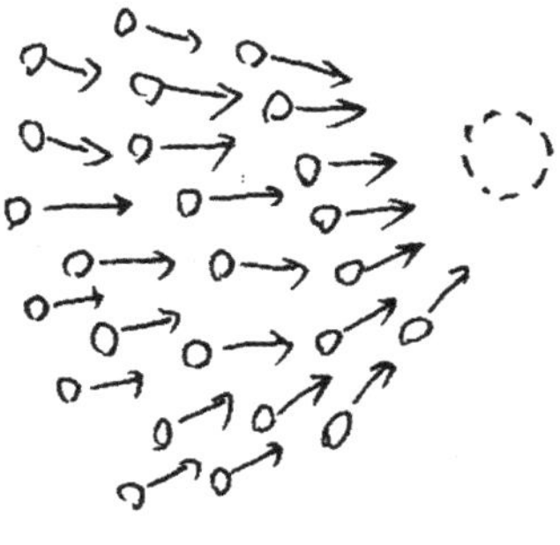

图 2-104
暗示型空间（傅东绘）

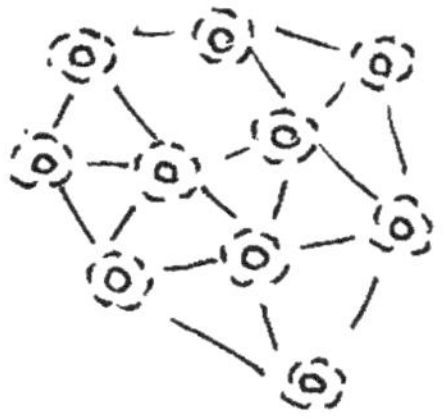

图 2-105
匿名型空间（傅东绘）

1. 狂欢型空间的形式

（1）暗示空间

迪厅：“蹦迪”是跳迪斯科舞的简称，是 1995 年迪斯科舞再度流行于北京之后被创造出来的新词。除领舞者占据了一个特殊的位置外，迪厅提供给参与者的是尽可能匀质的空间，迪厅的匀质性消除了角色间的差距。20 世纪 90 年代中期的北京正处于迅猛的大众化过程之中，一方面，人们被迫越来越多地面对零散化、孤独感、生活压力大、平面化等大众化问题；另一方面，闲暇时间的大量增加（双休日的出现）使人们从忙碌的工作中得到解脱，有机会对大众化带来的种种弊端进行反思。迪厅在这样的背景下应运而生。北京的迪厅自出现以来，由于受欢迎程度远远超出想象，市场潜力很大，所以很快走上了产业化道路。相比早期的歌舞厅，迪厅的主要特点为：

以国外成熟模式为蓝本，投入大量资金（1000 万元以上），以求占据市场，带动迪厅产业化；采取功能单一模式，不走综合娱乐设施的路子；至少四五百人，最多达 2000 人的迪厅呈现规模化特征；运用大量高科技手段以求得到超现实的效果；从装饰到活动内容追求个性化主题。迪厅的产业化、单一化、规模化、高科技及个性化趋向形成了一套成熟的模式。

游行空间：游行往往有一个目标点，游行队伍从城市的四面八方向这一点会聚，因此城市街道也成了游行空间（图 2-106）。城市中各个街区的中心是一些有象征意义的理想目标点，一个重要的暗示源引发的一次全城参与的游行活动往往指向这些目标点（图 2-107）。北京从 1994 年起开始有球队参加全国足球联赛，作为主场的工人体育场（早几年为先农坛体育场）及其附近的城市街道每逢球队主场比赛获胜时就成为游行空间。此后每到主场比赛，工人体育场一带就成了球迷的海洋。如果比赛赢了，球迷从工体出来就直接自发地走上工人体育场北路游行。游行的队伍向西至二环路形成几个分支，向城市的各个方向继续前行，队伍的规模不断变小，直至散去（图 2-108）。

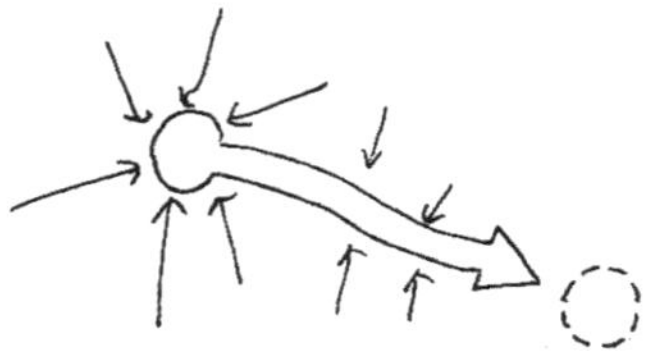

图 2-106
游行空间（傅东绘）

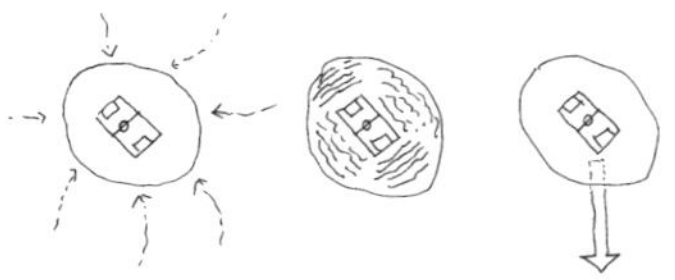

图 2-107
体育比赛作为暗示源诱发的游行活动（傅东绘）
左图为赛前——观众向体育场聚集；中图为赛中——积蓄能量；右图为赛后——开始游行

（2）匿名空间

狂欢节：狂欢节的特点是全民参与，城市中的特定区域乃至整个城市成为临时的观演空间（图 2-109）。面具的存在使狂欢节成为角色的狂欢，狂欢节也因此具有了匿名性特点。直到现在西方城市中的狂欢节上仍有带面具和化妆的习俗（图 2-110）。在北京，20 世纪 80 年代以来，能称为狂欢节的几次活动都与国家级的重大事件有关。如 1990 年亚运会、1997 年香港回归、1999 年澳门回归及迎接千禧年，都组织了大规模的联欢活动。如为迎接千禧年举行的庆典中，欢庆的人群充

图 2-108
北京工人体育场一次球赛诱发的游行活动
1. 观众向体育场聚集
2. 比赛开始前已经聚集了大量人群
3. 比赛中观众情绪随比赛进程而逐渐升温
4. 比赛结束开始游行
（傅东摄，2000 年 2 月）

图 2-109
狂欢节
（傅东绘）

图 2-110
狂欢节的面具
资料来源：丁莹，摄．威尼斯狂欢节："面具与戏剧"[EB/OL].[2006-05-22]. http://culture.people.com.cn/GB/40483/40485/3182830.html

图 2-111
中华世纪坛举行的千年庆典
资料来源：王治成，摄．新浪万元摄影大赛作品：欢庆交响乐 [EB/OL].(2000-01-05)[2006-05-22]. http://dailynews.sina.com.cn/2k/culture/2000-1-5/49244.html

图 2-112
北京平安大街上举行的盛装表演
资料来源：北京国际旅游文化节举行盛装行进表演 [EB/OL].(2004-09-25)[2006-05-04]. http://news.xinhuanet.com/fortune/2004-09/25/content_2020560.htm

斥了从中华世纪坛到西客站之间几公里长的城市街道，将城市的局部空间变成了狂欢节的场地（图 2-111）。内城的一些街道（如德外柳荫街）在春节期间已经出现小规模的超越年龄、阶层的狂欢节式活动。此外，在一些大学校园中也出现了新年狂欢活动，如清华大学的西大饭厅（已于 2004 年拆除）狂欢等。2000 年，我国开始出现"狂欢节热"，各个城市纷纷组织自己的狂欢节。如大连将每年一度的服装节巡游表演正式冠以"大连市第 2 届狂欢节"，深圳在华侨城举办第 1 届狂欢节等。北京则利用 2000 年 9 月底第 3 届北京国际旅游文化节中的盛装行进表演进行了一次狂欢节的尝试。活动于 2000 年 9 月 30 日上午在平安大街自西什库至北河沿的 2.5 千米道路上进行，活动期间平日交通繁忙的城市干道被封闭起来。来自 34 个国家和地区，包括 20 个省市、自治区的 50 支民间艺术表演团体参加了行进表演。但由于这次活动并没能将所有参与者吸引到表演的队伍中，所以并不能算作是一次真正意义上的狂欢节，而成了一次演剧模式的观演活动（图 2-112）。

虚拟狂欢节：虚拟狂欢节是存在于赛博空间[1]中的狂欢节。与狂欢节的共同点是参与者都是以匿名的方式加入其中，通过角色的身份与其他人交流。虚拟狂欢节在现实世界中的一个物化形式即网吧。网吧的出现表明，完全摆脱对物理空间的依赖而存在于虚拟赛博空间中的生存状态是不完整的。网吧是一种现实空间与虚拟空间矛盾调和的产物，网吧虽然将人聚集到一起，但是其中的人又不属于网吧这一空间，而

[1] 赛博空间是不具有物理连续性的三维空间，不可以用形状、大小等来描述。由于摆脱了三维物理空间时空有限性的束缚，赛博空间处于一种无处不在、无时不在的存在状态。

是通过面前的电脑屏幕与赛博空间中的某处连接在一起，网吧对它来说只是一个入口；反过来，网吧提供了不能面对面交流的赛博空间所无法提供的最真实的在场感。即使赛博空间的存在对于现实空间来说是一种消解，也无法完全消解掉人们对于面对面交往的需要。讨论一个城市中赛博空间的分布是没有意义的，但是由于出现了网吧这一形式，虚拟狂欢节被现实化了。

2. 狂欢型空间的演进

1980—1985 年：北京的游行空间 20 世纪 80 年代初就已经出现，一些重大体育比赛的胜利成为游行活动的暗示源。1980 年中国男排击败韩国夺得世界杯出线权、1981 年中国女排赢得世界冠军后，北京大学生上街游行以示庆祝；1981 年世界杯外围赛中国队在北京主场以 3:0 战胜科威特队时，更引发了球迷的大规模游行。除此之外，在这一阶段北京尚没有其他形式的狂欢型空间出现。迪斯科舞虽然在此阶段曾经流行过一阵，但是其流行的原因是人们对外来的新娱乐形式的好奇心理，所以迪斯科舞与当时舞会上的其他舞蹈形式没有本质的不同，更没有专门化的迪厅出现。

1985—1990 年：1990 年亚运会闭幕式上的联欢活动可以认为是北京最早的狂欢活动。

1990—1995 年：1994 年全国足球甲 A 联赛刚开始时，北京队的主场定在先农坛体育场，1995 年将主场迁至工人体育场。从这时起工人体育场附近的街道在有北京队主场比赛时经常成为游行空间。足球热在 1995 年夏达到巅峰，当时进行的一系列商业比赛中，国家队和北京队连胜来访的外国俱乐部队，球迷群体在这样一系列暗示源的作用下，通过游行释放出巨大能量。

图 2-113
上图为北京最大的网吧——飞宇网吧
下图为北京最早的网吧——实华开
（傅东摄，2001 年 4 月）

1995—2000 年：以迪厅的出现为标志，狂欢型空间在这个阶段有很大发展。1994 年初，第一家大型迪厅——昆仑饭店迪斯科广场开张，当年夏天，新的迪厅开张风席卷北京；到 1995 年初，北京大致有五六家，较著名的有莱特曼、JJ、NASA、贝斯特、大仓库等，规模从 400 人到 2000 人不等。1995 年是迪厅火暴的一年，由于市场看好，不仅继续有新建的迪厅出现，而且出现改建风，有影剧院改舞厅（如五道口影院改成 JACKSON 迪厅），体育馆改建（如首体地下改成太阳阳迪厅），餐馆改建（如西四大食堂）。1997 年开始，迪厅从单一经营转向与其他娱乐活动联合，出现了迪吧、冰迪等新的形式。[1] 1996 年 11 月，北京第一家网吧"实华开"在首都体育馆西门开业。经过几年的发展，网吧已经遍布北京各个角落，其中尤以中关村一带比较集中。20 世纪 90 年代末北京最大的网吧"飞宇"网吧位于北京大学南门至西南门之间（图 2-113）。

3. 狂欢型空间的分布

暗示空间：游行空间主要集中在一些特定区域，比如工人体育场附近的街道，每逢北京足球队主场比赛获得胜利就成了游行空间。但是由于这一暗示源激发的大众群体能量有限，游行持续的时间和距离都相当有限。也许在不久的将来北京的游行空间终将占据城市的所有大街小巷。可以设想，当某个突如其来而又振奋人心的消息出现时，如国家足球队获得世界杯冠军，整个街区乃至整个城市的街道上将充斥着庆祝的人群，人们不论认识与否都并肩走在一起，彻夜游行，尽情

[1] 关于京城迪斯科舞厅消费群体的调查报告（上）：今日流行"迪斯科"［N］.北京青年报，1995-03-29(8).关于京城迪斯科舞厅消费群体的调查报告（下）：迪厅里的世界［N］.北京青年报，1995-04-05(8)

宣泄感情，相互拥抱祝贺，人与人之间的任何隔阂都暂时消失，社会中的种种非人性的因素被短暂地超越了，这正是狂欢的最高境界。迪厅是城市中的一些特殊空间节点，在这里狂欢变成一种每天发生的日常活动，这就决定了它在城市中的数量要远远少于诸如歌舞厅、电子游戏厅等。因为对个体来说，狂欢不可能成为一种日常的需要，所以它不可能成为一种社区级的大众观演空间。迪厅在北京的分布现状证实了这一点。到20世纪90年代末北京的迪厅大约只有十几家。

匿名空间：小规模的狂欢节已经出现，例如在城市中的某些角落如校园、酒吧、餐厅等举行的假面舞会。此外，一些酒吧与外国著名的狂欢节同步举行小型的狂欢节，如巴西狂欢节等。城市中已经有一些特定的街道供狂欢节使用，如从中华世纪坛到西客站的街道、平安大街从西什库到北河沿一段等。严格地说，真正意义上城市级的狂欢节尚未出现。狂欢节要求全民参与，空间占据整个城市的广场和街道，而且每个人都是戴着面具的表演者。也就是说，狂欢节把整个城市变成了一个真正的大舞台。实现这一目标要求城市社会心理的表演性达到很高的程度。

四、北京大众观演空间发展构想

伴随着大众化进程的不断深入，其负面影响也越来越显现。人们对大众媒介的依赖程度加大，旧有的具有人情味的人际交往模式面临消失，通过面对面方式进行的日常交流越来越少，人际关系趋于疏远、冷漠。大众文化的冲击造成传统文化失势。随着城市化进程的深入，北京城市公共空间未来的发展趋势是在城市内部趋向同质，边缘区保持活跃且不稳定的状态。空间模式有趋同的迹象，结果是城市内部因缺乏活力而衰退，城市边缘区又由于文化成分过于复杂，缺少主导文化无法形成稳定的空间模式。随着城市的不断拓展，城市级公共空间的影响力减小，城市中心区的凝聚力也将降低。街区级文化区中的公共空间特点丧失，无法激发街区内部的活力。原来依靠家庭、邻里、社区、街区这一层级系统维系的社会体系由于居住小区中邻里环节的薄弱而面临解体。基于这些问题，对应于大众观演空间在城市中的三个层次的空间体系，分别构想三个层级的理想大众观演空间模型。

（一）构建社区级大众观演空间

社区级大众观演空间遍布城市社区之中，是社区固定的日常大众观演活动的发生场所。构建社区级大众观演空间可以参照仪式型空间、演剧型空间、自娱型空间、休闲型空间和狂欢型空间五种类型。

仪式型空间：构想一种社区类宗教仪式空间的替代空间，供社区中的类宗教仪式使用。但它不仅仅限于进行宗教仪式，把它设计成一种共享的“冥想”空间，存在于社区公园的深处，与喧闹的社区生活尽可能远地隔开。可以用略高于人的矮墙围合，把公园中其他活动挡在视线之外。（图 2-114）设立供专门举行过渡仪式的空间，可以与社区公园中的花房设在一起，使之成为居民婚礼仪式空间序列中的一个固定节点，这样婚礼仪式将为整个社区所知晓和参与，它同时适用于举行其他的过渡仪式。这种空间的存在可以恢复过渡仪式在普通市民生活中的地位。

图 2-114
社区中的“冥想”空间（傅东绘）
左图为“冥想”空间处于社区公园深处；中图为入口；右图为“冥想”空间内景

演剧型空间：小剧场主要用于上演社区中的半业余表演团体如京剧票友等的节目，规模不大，可以是露天的，具有一定的封闭特征，可与“冥想”空间重叠。露天电影场需要较大面积的场地，社区公园中的小广场符合这一条件。在小广场内侧设置供悬挂屏幕的设施，并保持视线的畅通。夏日的晚上，这里将成为社区中最热闹的地方（图 2-115）。社区中咖啡厅或酒吧门口可以开辟出专供街头表演的角落，允许街头艺人任意占据，进行表演（图 2-116）。

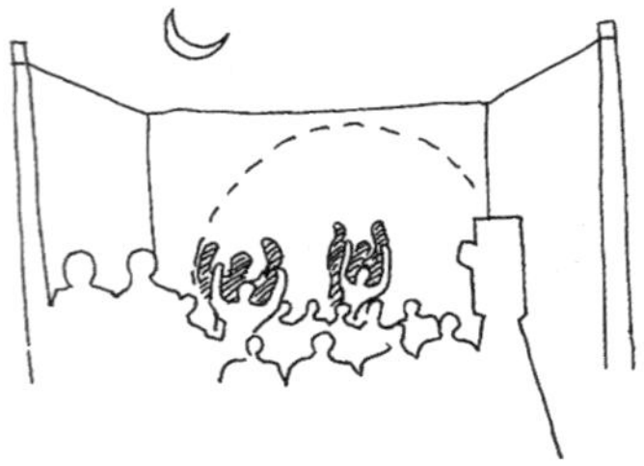

图 2-115
社区公园中的露天电影（傅东绘）

图 2-116
社区中的街头表演区（傅东绘）

自娱型空间：将街头舞蹈空间设置在社区公园门外临街的地方，将此处空间放大，与公园内部以半通透的花架分隔，路人可以从公园内部隐约看到街头舞蹈表演，又不使表演的噪声过多干扰里面的活动。此外，将潜在的街头舞蹈空间如立交桥下、街边空地等经过一定的空间处理，变成专门的街头舞蹈空间。街头舞蹈空间在社区中的分布密度应远大于社区公园。小规模的卡拉 OK 厅与电子游戏厅应作为社区基本配套公共设施与社区中的公共空间结合，KTV 包间可以作为独立单元嵌入社区公园中。露天卡拉 OK 可以在没有露天电影的时候出现在社区公园的小广场上。

休闲型空间：社区公园是休闲人群聚集相互观看的地方，同时也是社区中各种观演空间存在的平台。重新规划社区公园，让它富有生命力。应保证其在社区中的地位不受影响，不能出现因用地紧张造成其他社区设施对社区公园的侵占，可以将各种社区商业设施引进社区公园的一角，形成一条小的商业街，以吸引更多游逛的人前来。社区公园应设置数个入口，主要入口邻社区中的一条街道，另有一些小路从社区中的各处通往其他入口。应将经过社区的公交车站置于社区公园主入口处，使候车的人可以观看到公园内部发生的活动。

狂欢型空间：狂欢型空间常见于亚文化圈级以上的城市大众观演空间体系中，在社区中很少出现。唯一的例外是网吧。网吧作为虚拟狂欢节的物化形式应是社区中的基本配套公共设施，与其他公共设施集中在一起并向公众开放。在网吧中上网可以使人们获得虚拟与现实两种观演空间重叠的感受。

如图 2-117 所示为作者构想中的社区级大众观演空间的空间模型。

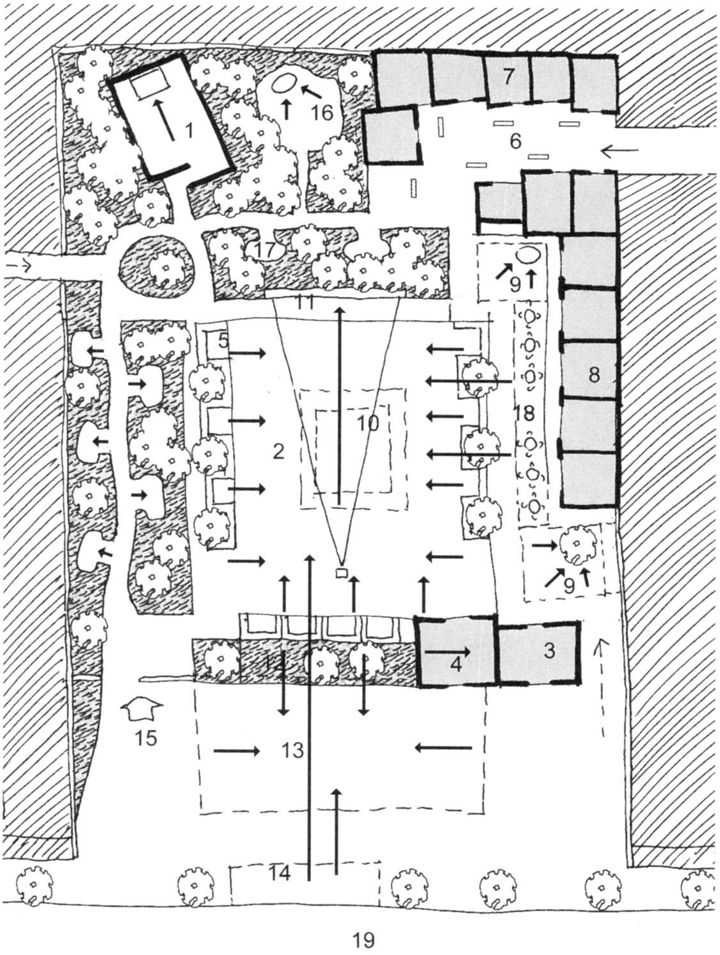

图 2-117

北京的社区级大众观演空间——社区公园（傅东绘）

1—“冥想”空间；2—小广场；3—花店；4—过渡仪式空间；5—休息座；6—小商业街；7—商店、电子游戏厅、KTV 包间等；8—酒吧、网吧；9—街头表演角落；10—儿童游戏场；11—露天电影屏幕；12—花架；13—街头舞蹈空间；14—公交车站；15—主入口；16—僻静角落；17—小路上的角落；18—露天咖啡座；19—街道

（二）形成街区级大众观演空间

处于同一个街区级文化区内的人在一定程度上可以被视作同质性群体，街区应形成自己的大众观演空间中心。形成街区级大众观演空间可以参照仪式型空间、演剧型空间、自娱型空间、休闲型空间和狂欢型空间五种类型。

仪式型空间：有必要构想一些影响力只限于所属街区的类宗教仪式空间，以其类宗教气氛感染周围的环境，突出其世俗性功能，吸引众多不信教的普通人为某些世俗目的前来参加仪式（图 2-118）。街区的中心广场取代大院中心广场的地位成为有凝聚力的加强仪式空间。中心广场可以与街区的主要公共建筑结合，形成一条主要轴线。以轴线经过的建筑入口平台作为其表演区（主席台），强化其仪式性，用于区内的升旗仪式、表彰大会、庆祝大会等，更多的时候可以作为市民广场使用。位于城市边缘或处于不稳定状态的街区如流动人口聚居区中加强仪式空间，而在一些过于封闭的街区（如大院）中弱化仪式空间的作用。

图 2-118
北京某寺庙的法会吸引众多普通人参加
（傅东摄，2001 年 3 月）

图 2-119
北京某商厦门前广场上的商业表演
（傅东摄，2001 年 3 月）

演剧型空间：街区内至少应有一座较大规模的传统剧场，独立坐落于中心区的显赫位置，保证经常有高水准的演出在此进行。电影院相对集中于街区的中心地带分布。录像厅散落于整个街区，可以与商业设施和居住区结合。在远离电影院的区域增加录像厅的密度。在最主要街道交叉口附近及大型商业设施等人流集中地带设置一些小规模市民广场。用矮墙或绿化进行分隔，不完全开放，可以经常举办“文化广场”和与商业活动有关的表演，使这些广场充满生气（图 2-119）。

自娱型空间：街区内大型商场可附设自娱模式观演活动区域，如电子游戏厅、KTV 包间、歌舞厅、酒吧等。一些设施如电子游戏机、跳舞机、卡拉OK机等可以直接放置于商场中的各个角落，供顾客随时加入表演或围观。市民广场对街头舞蹈活动开放。在每个市民广场逐渐形成有特色的街头舞蹈活动，以吸引区内更多的爱好者前来交流切磋，逐步扩大规模。充分利用城市道路旁的街边零散空地如立交桥下等，设置一些跨越社区边界的街头舞蹈空间。

休闲型空间：街区内至少形成一至两条步行商业街，周末供来自街区内的游逛者闲逛，充分享受观看与被观看的乐趣。步行街的终点应设在市民广场，在市民广场的边缘设置露天咖啡座，并尽可能引入一些零散商业设施以吸引游逛者，使市民广场成为有吸引力的“人看人”的场所（图2-120）。开放公共建筑的中庭空间使之成为街区休闲型空间体系中的一部分。街区内的公交枢纽在考虑大量人群集散要求以外，还要为处于等候和换乘状态的人提供可观看的目标，人们可以从有趣的角度互相观看，也可以观看电子屏幕或有情节的墙面广告等。

图 2-120
市民广场边缘设置咖啡座（傅东绘）

狂欢型空间：迪厅或是更时尚的替代物在街区中应保持一定的独立性，成为带有几分神秘感的夜晚的中心。街区的中心广场应是几条主要街道的交会点，是文化区内游行活动的理想目标点。街道接近中心广场部分应适当加宽，以便疏散游行的人群，同时起到使中心广场向外扩张的作用，使之适应大规模的狂欢节活动。当狂欢节开始时，广场与街道一同消失，剩下的只有由人群填满的城市室外公共空间轮廓（图2-121）。在诸如候车空间、市民广场等处设置可供上网的电脑或小型网吧（可只提供上网端口或无线网口），使这些人群聚集的地方成为虚拟狂欢节的入口。

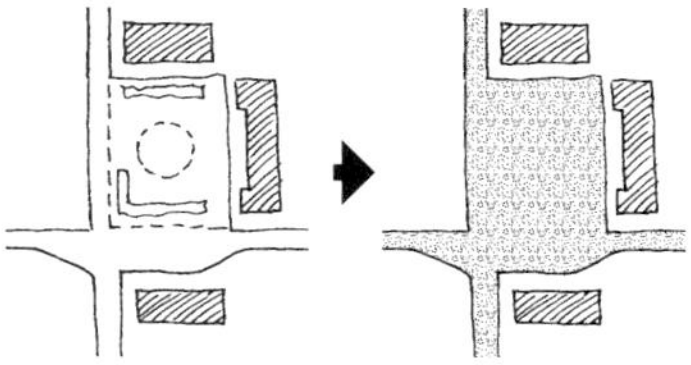

图 2-121
狂欢节中的亚文化区中心空间示意
广场和街道消失（傅东绘）

如图 2-122 所示为作者构想中的街区级大众观演空间的空间模型。

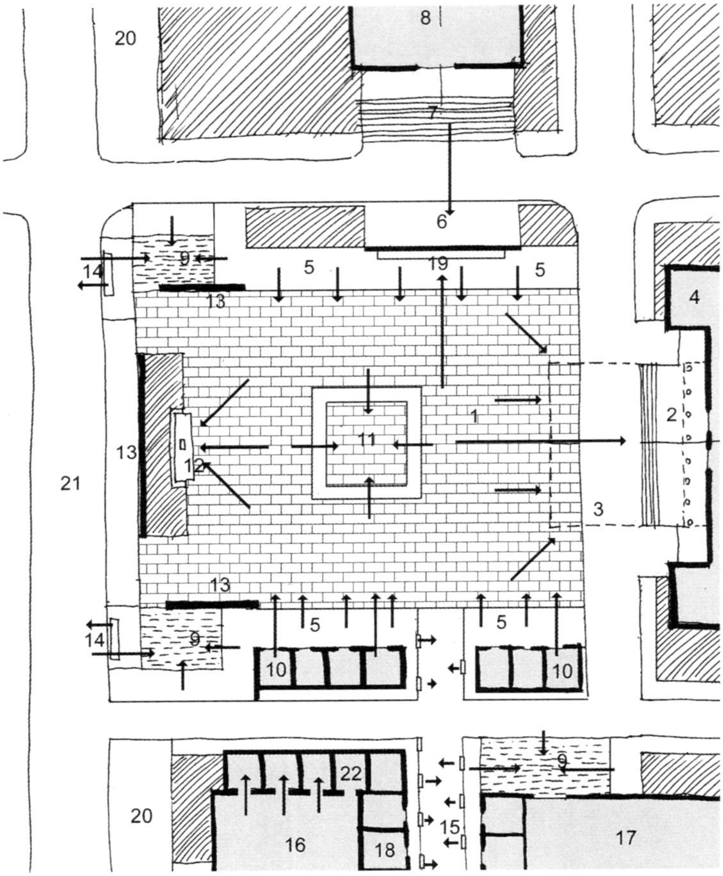

图 2-122

北京的亚文化区级大众观演空间——中心广场（傅东绘）

1—广场；2—主席台；3—演唱会舞台边界；4—中心建筑；5—广场边露天咖啡座；6—露天剧场舞台；7—露天剧场观众席；8—剧场；9—街头舞蹈场地；10—小酒吧；11—音乐喷泉；12—升旗台；13—矮墙；14—公交车站；15—商业街；16—商场；17—电影院；18—商店；19—电子屏幕；20—街道加宽部分；21—主要街道；22—电子游戏厅、录像厅等

（三）营造城市级大众观演空间

北京的城市级大众观演空间应参与到城市整合的过程中。营造城市级大众观演空间可以参照仪式型空间、演剧型空间、自娱型空间、休闲型空间和狂欢型空间五种类型。

仪式型空间：形成一些城市级的类宗教仪式空间，举行城市级的大型类宗教仪式活动，以此强化其神圣性和超越街区的存在状态。其选址应与街区级的城市空间有一定的距离，成为可以吸引准信徒穿越整个城市前来朝拜的神圣之所，同时也成为普通人可以获得精神慰藉的场所。现有城市级宗教仪式空间的一部分职能可以分配到街区级类宗教仪式空间区，以减弱世俗化趋向。天安门广场作为唯一城市中心广场的地位不可动摇，将会有更多的大型加强仪式在这里举行，应保持其开敞、尺度巨大的特色，不必为增加市民性而作任何降低空间尺度的改造。位于西侧的国家大剧院广场作为文化广场可以与之形成互补。以天安门广场为中心，结合北京的著名文物古迹和历史遗迹发展一系列加强仪式广场。这些仪式广场可以实行封闭管理，专门用于加强仪式。

演剧型空间：以国家大剧院为中心，形成北京的城市级剧场体系。国家大剧院内含三个世界一流水准的剧场、音乐厅，可以接纳各种类型的专业演出，有力推动北京戏剧表演活动的发展。北京城市级市民广场体系的构成有三个主要途径：通过对城市的南北和东西轴线上的城市公共空间进行改造；原城门遗址处及旧城内主要交叉路口处开辟新的市民广场；原有临城市主要街道的入口广场改造（图 2-123）。城市东西轴线上除现有的西单文化广场、中华世纪坛广场外，继续开辟一些大型城市级市民广场如国家大剧院广场、首都博物馆广场、五棵松体育广场等，另外，开放大部分沿街公建的入口广场。南北轴线上在天桥、前门、故宫端门、午门、钟鼓楼等处将现有较大面积的城市空地改造成市民广场。将一些大院或重要公建的入口广场拆除大门，改建成为市民广场（图 2-124）。在不影响入口交通的前提下，增加绿化、建筑小品、台阶等，使之更具吸引力。将一部分原来在体育馆中举行的流行音乐演唱会移至大型的市民广场上举行，以吸引更多观众。在小

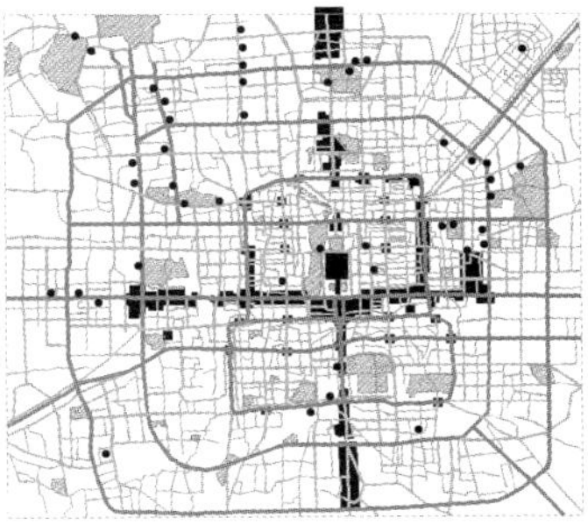

图 2-123
北京市民广场空间体系构想（傅东绘）
以沿南北中轴线带状分布的城市广场为骨架，老城区内以内环路交叉口及城门遗址为坐标点形成网状广场群体系；二环路以外在一些主要道路两侧将原有仪式性的入口广场开放成为市民广场

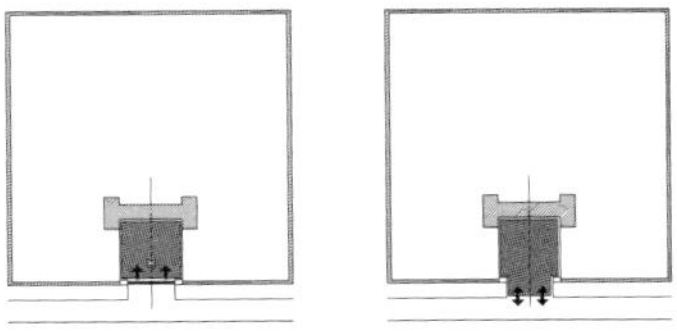

图 2-124
北京的入口广场的演变（傅东绘）
左图为院门的存在使入口广场与开放城市空间隔绝
右图为院门消失——入口广场向市民广场转化

型市民广场上有组织地举行小规模的演唱会。

自娱型空间：露天卡拉 OK 活动引入庙会和市民广场，扩大其规模，不设立任何标准，鼓励所有人上台表演。引入多支街头舞蹈队伍在城市级的市民广场上表演，划定表演区范围，相互之间形成一定的竞争，争夺观众和潜在的表演者，不断提升观演水平。在大型城市广场举行的大规模团体操表演动作设计尽量趋于简单，并为希望参加表演的观众准备简单道具，进行简单培训，让他们随时可加入表演者的行列。

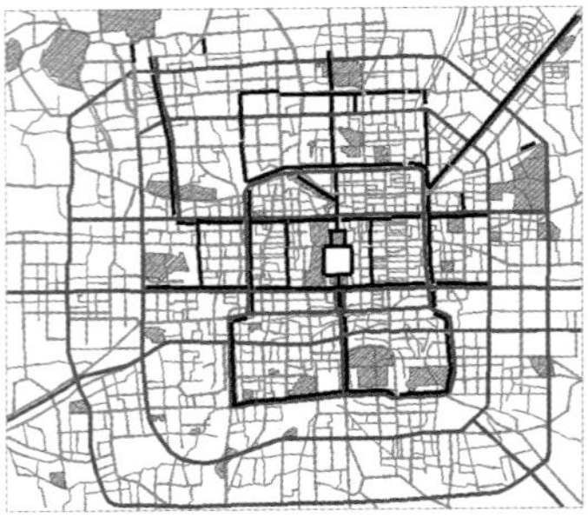

图 2-125
北京城市散步道发展构想（傅东绘）

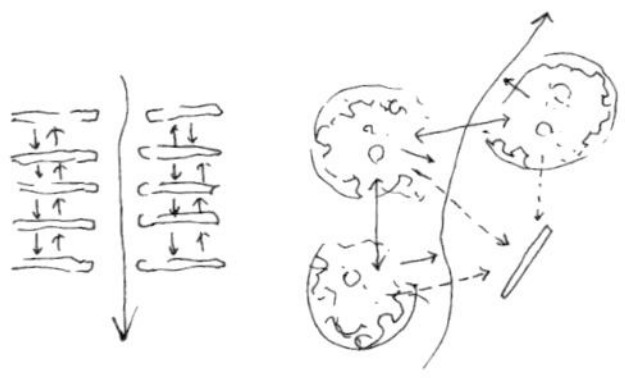

图 2-126
候车空间的视线设计（傅东绘）
左图为传统候车空间的视线
右图为新的设计使等候变得有趣味

休闲型空间：在现状基础上，完全贯通旧城墙遗址的城市散步道，包括元大都北段城墙遗址，开辟与原有长安街沿线城市散步道平行的沿平安大街城市散步道，开放沿城市南北中轴线城市散步道及白颐路沿线城市散步道，由此串联大部分城市级市民广场（图 2-125）。城市中的长途交通枢纽如机场、火车站、长途汽车站等的候车空间应充分考虑人群聚集等候时的心理需要，通过视线的组织使不同的等候人群之间可以容易地相互观看，而避免使这种观看显得不自然。此外，将大型电子屏幕设施置于醒目位置，让等侯者有多个可以选择观看的目标（图 2-126）。

狂欢型空间：体育比赛尤其是足球比赛是诱发游行活动的主要原因。在有主场比赛时，工人体育场附近开辟出球迷营地，吸引球迷在比赛开始前数个小时就集结到体育场附近，形成大规模球迷群体，烘托赛前气氛。赛后在主队获胜的情况下，对相关街道实行交通管制，设置临时步行街，供大规模庆祝游行活动使用。有特别重大的赛事进行时，在全城各个市民广场设立大型电视屏幕，人群在此聚集观看转播。如果获胜，游行队伍将从各个市民广场向街区中心出发，形成狂欢节活动。北京内城的部分街道如平安大街、王府井商业街等和街区中心广场将是最初的一些狂欢节中心。为形成真正意义上的狂欢节，应划出一些城市街道作为特定的区域，在特定的时间专供狂欢节使用，并鼓励市民在狂欢节中扮演某种角色，而不是仅仅做一个旁观者。当狂欢节形成一定规模后，再继续扩大其涉及的城市街道范围，直至占据整个城市的所有街道。城市的中心广场——天安门广场将成为未来的北京狂欢节的中心。

如图 2-127 所示为作者构想中的城市级大众观演空间的空间模型。

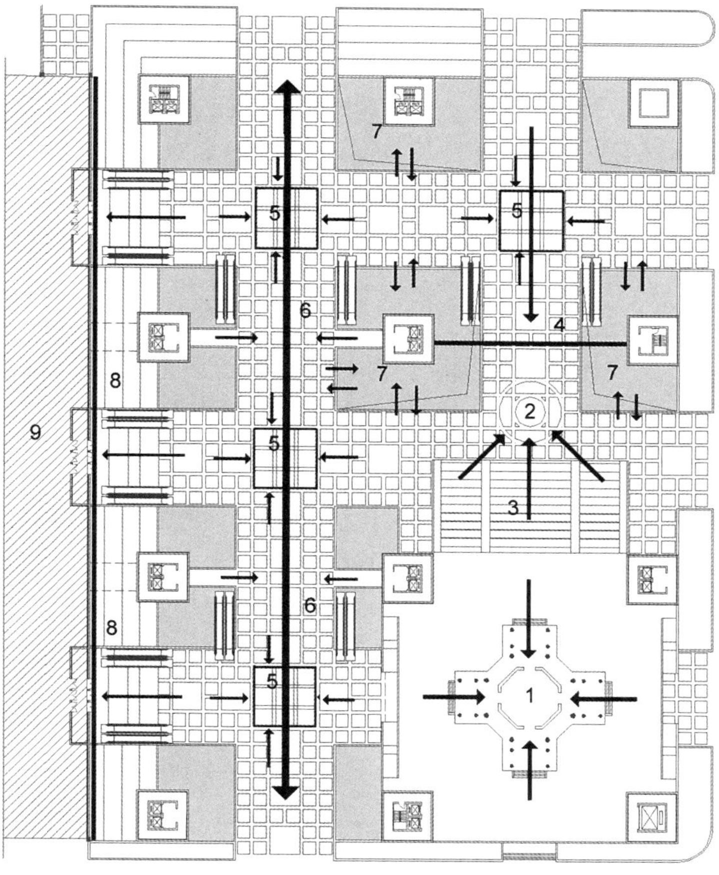

图 2-127
北京的城市级大众观演空间模型
1—传统戏台；2—露天小剧场；3—小剧场看台；4—水幕电影屏幕；5—街头表演区；6—城市散步道；7—吹拔；8—激光信息屏幕；9—剧场 [根据清华大学国家大剧院竞赛第3轮方案平面图(1998)改绘]

第三章

北京旧城胡同游空间

谷郁

北京旧城胡同游空间[1]

"胡同游"自1994年兴起以来，基本上处于"先发展，后调整"的被动状态。进入21世纪后由于发展迅速，这种状况所引起的与胡同保护之间的矛盾已经越来越大，制约了胡同游的良性发展。2002—2005年，谷郁开展了对北京旧城胡同游空间的研究，从"周游"、"引游"、"驻游"和"入游"四种空间特征出发，阐释胡同游空间的规律，并探讨了影响其发展的非游客因素，对胡同游空间存在的问题及未来发展提出了看法。

---

[1] 本文根据谷郁硕士论文缩写，参见谷郁."胡同游"空间研究.清华大学硕士学位论文，2005

一、胡同游现象

（一）胡同游现象概述

1. 胡同游分布

北京旧城的胡同始于元代，明代有人开始对它进行研究。学者的研究和大量考证表明，胡同特指北京旧城中具有一定宽度等级的、空间和功能连续的街巷。从近代开始，胡同逐渐突破原有宽度、空间格局和功能的限制，强调了交通、景观等现代使用功能。1949 年之后，北京旧城的胡同发生了明显改变，一是连续、封闭的整体格局被分割、打破；二是一些胡同的整体尺度明显突破、放大；三是胡同街坊空间因改建、加建密集化。胡同逐渐演变为今天功能混杂、小片分散的街巷（图 3-1）。

胡同之所以一开始不被称为“街”、“巷”，是因为空间和功能的连续性。连续性表现为统一的空间形态、空间标准和功能。胡同具有体系化的宽度等级，尽管学者对于元代街巷网络的基本模数“一步”的数值有不同的认定，但是有一点是确定无疑的，胡同的宽度以“步”为模数，其上限宽度为“六步”，约 7.5m。更宽的“十二步”、“二十四步”街巷不称胡同，而称“小街”、“大街”。胡同具有不同于皇家空间的统一标准、形态和功能。从近代开始至现在，这个特征越来越模糊，胡

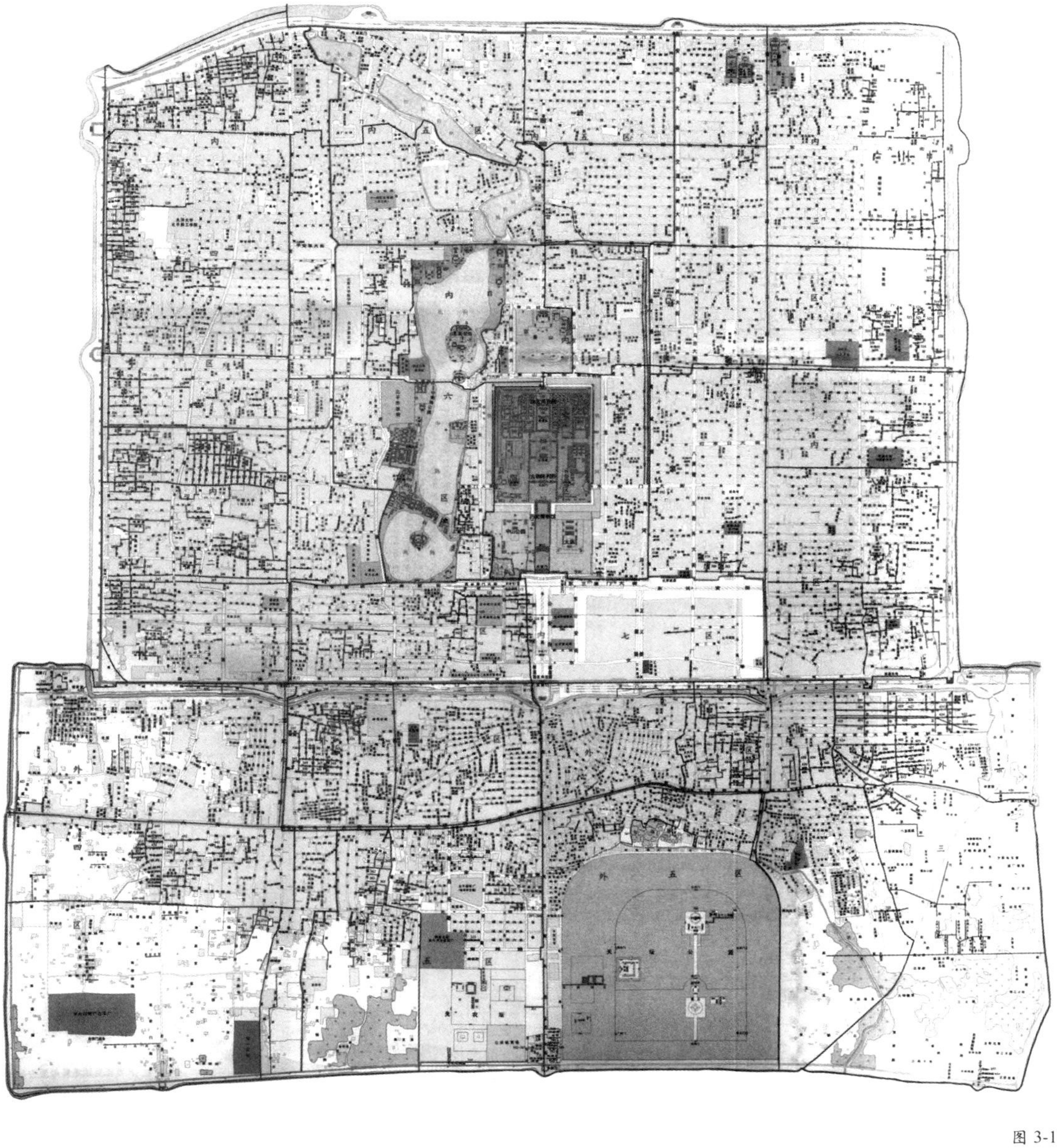

图 3-1

1949—2003 年北京旧城胡同变迁图

资料来源：北京市测绘设计研究院，2004 年

同逐渐成为等同于“街巷”、“街道”的非特指名称。2002 年，较好地保持了原有连续特征的胡同被列入北京旧城 25 片历史文化保护区中（图 3-2）。

图 3-2
北京旧城 25 片历史文化保护区分布图
资料来源：根据北京旧城 25 片历史文化保护区分布图改绘，北京市城市规划设计研究院，2002 年

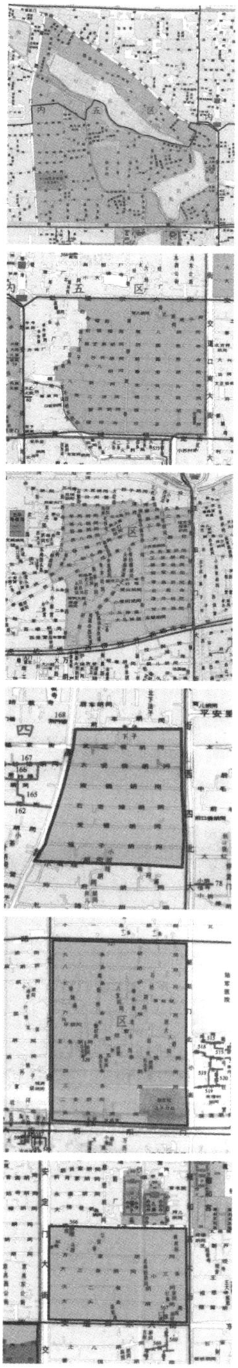

胡同游基本分布在现有历史文化保护区内。其中，有组织的旅游项目集中在三处：西城区什刹海、东城区南锣鼓巷、宣武区的大栅栏和琉璃厂。自发活动的分布有两种情况，一是靠近以上有组织的胡同游范围，由当地居民自发接送散客进行游览；还有吸引专家学者和胡同爱好者的一些具有观赏和考证价值的胡同，如东城区交道口头条胡同至国子监胡同，西城区西四头条至八条胡同等（图 3-3）。

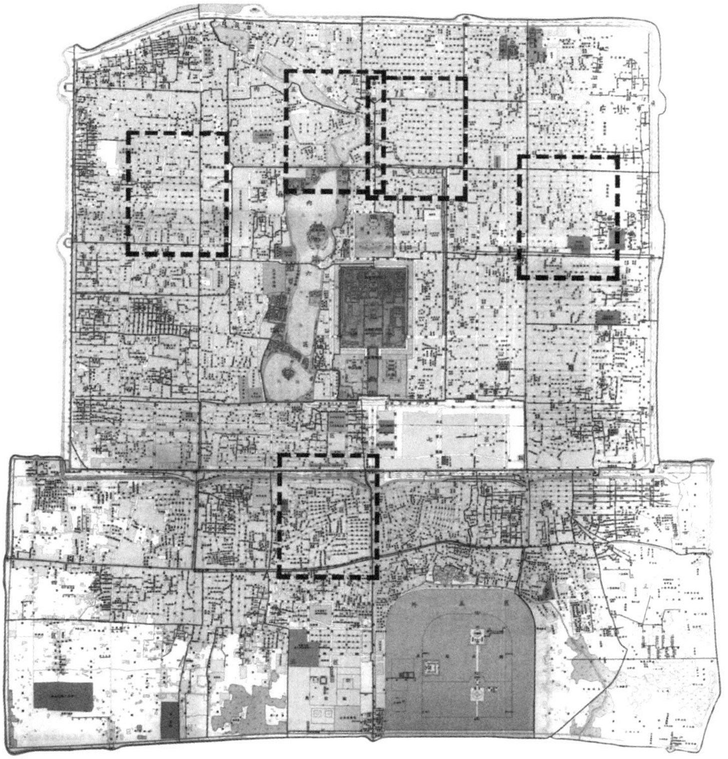

图 3-3

北京旧城胡同游的胡同

资料来源：根据北京旧城胡同变迁图（1949—2003 年）改绘。

左一为分布；左二为什刹海地区的胡同；左三为南锣鼓巷的胡同；左四为大栅栏的胡同；左五为西四北一条至八条；左六为东四北一条至八条；上图为国子监胡同。

2. 胡同游运作

胡同游作为旅游项目，1994 年由胡同文化发展公司[1]正式推出，2000 年后迅速发展，越来越多的游客愿意到胡同中来，而越来越多的胡同也正努力进入胡同游市场。[2]（图 3-4）依据文献记载和访谈记录，胡同游经过了外事接待、外事与旅游项目结合、旅游项目为主三个运作阶段（表 3-1）。

胡同游的前身是外事接待。自 20 世纪 80 年代开始，西城区厂桥、西安门等街道居委会率先搞起“四合院居民生活外事访问”[3]的接待活动。1996 年东城区交道口街道办事处受市、区外事办委托，也开始组织胡同四合院参观访问。外事接待居民由街道指定，在区外办登记注册，来访问的游客是一些政府要员、记者等官方团体。

胡同游最初参照外事接待的组织模式，通过街道办事处、居委会与居民合作，由居委会协助联系有条件的居民，经旅游公司考察确认为胡同游接待居民。居委会与公司和接待居

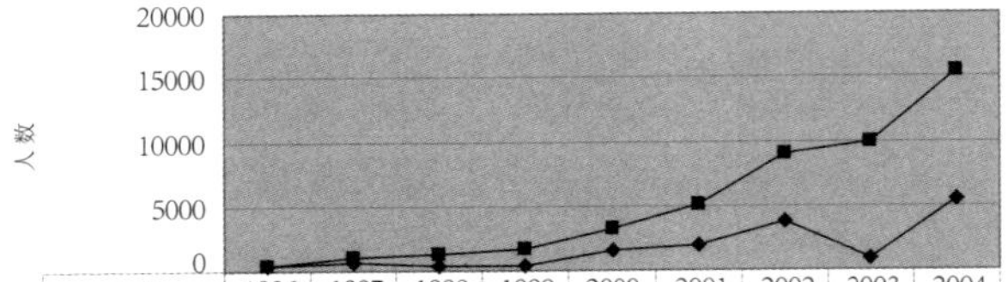

年份	1996	1997	1998	1999	2000	2001	2002	2003	2004
◆ 游客人数/人	396	592	376	344	1510	1931	3845	927	5554
■ 合计/人	396	988	1364	1708	3218	5149	8994	9921	15475

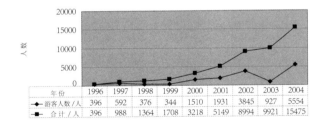

图 3-4
胡同游接待居民年接待游客数统计
（谷郁依据接待居民记录绘）

[1] 2001年胡同文化发展公司改制后，更名为北京胡同文化游览股份有限公司，以下简称胡同文化公司。

[2] 2003年受非典影响，游客人数有所下降。

[3] 郑杨.论历史地段有序更新的市场机制：北京胡同旅游实证研究.北京规划建设，1998，（2）：34-35

表 3-1　胡同游的三种运作方式（谷郁绘）

阶段		序号	内容	责任人（部门）									备注❶
				行政部门		国外旅行商		国内旅行社					
											接待部		
				市旅游局	区旅游局	媒体	旅行社	市场部	营业部	计调部	全陪❷	游车	
一	联络计划	1	设计										初步设计胡同游项目
		2	推介	●	●								政府向国外推出旅游宣传
		3	考察				●	●					了解当地环境和胡同情况
		4	计划			●		●					详细制定胡同游项目
		5	合同			●				●			确认合同
二	旅游接待	1	促销	●	●	●	●	●					进一步推介胡同游项目
		2	咨询				●		●				当地胡同游咨询
		3	组团				●		●				接团社发胡同游接待计划❸
		4	接团						●				确定当地胡同游日程❹
		5	计调							●			根据名单预订接待人、车
		6	接待				●				●	●	落实进、观、吃、出活动
三	费用分配	1	团队费用				●			●			接团收费分配❺ 本地旅游公司收益分配
		2	外事										外事收益分配
		3	散客										散客收益分配
四	合作管理	1	国际				●			●			国外游客组织
		2	旅行社							●			接受投诉
		3	公司										旅游秩序、车辆商贩管理
		4	外事										外事团体的接待组织
		5	自订							●			游客直接向接待者预订
五	部门管理	1	安全										涉外经营区公安分局备案
		2	交通										相关车辆停车、路线及资格
		3	行业		●								非法车辆、商贩管理
		4	市场										依法经营、打击非法
		5	景区										旅游景区管理

续表

阶段		序号	内容	责任人（部门）						备注
				当地旅游公司					接待院	
				市场部	营业部	计调部	接待部		接待户	
							地陪[6]	车工		
一	联络计划	1	设计		●					初步设计胡同游项目
		2	推介	●						政府向国外推出旅游宣传
		3	考察	●					●○	了解当地环境和胡同情况
		4	计划	●					●○	详细制定胡同游项目
		5	合同			●			●○	确认合同
二	旅游接待	1	促销	●						进一步推介胡同游项目
		2	咨询		●					当地胡同游咨询
		3	组团							接团社发胡同游接待计划
		4	接团		●◎		◎	◎	◎	确定当地胡同游日程
		5	计调			●		◎	◎	根据名单预订接待人、车
		6	接待				●◎	●◎	●◎○	落实进、观、吃、出活动
三	费用分配	1	团队费用	●（市场部至接待户合并）						接团收费分配
				●（市场部至计调部合并）			●	●	●	本地旅游公司收益分配
		2	外事						○	外事收益分配
		3	散客				◎	◎	◎	散客收益分配
四	合作管理	1	国际						●	国外游客组织
		2	旅行社			●			●	接受投诉
		3	公司				●	●		旅游秩序、车辆商贩管理
		4	外事						○	外事团体的接待组织
		5	自订						●	游客直接向接待者预订
五	部门管理	1	安全							涉外经营区公安分局备案
		2	交通							相关车辆停车、路线及资格
		3	行业							非法车辆、商贩管理
		4	市场							依法经营、打击非法
		5	景区							旅游景区管理

续表

阶段		序号	内容	责任人（部门）									备注
				接待院	当地相关管理部门						相关市民		
				非接待户	景区管理处	街道办事处	社区居委会	城管大/中队	区工商局	区公安局	本地商摊、车工	外来商摊、车工	
一	联络计划	1	设计			○	○						初步设计胡同游项目
		2	推介										政府向国外推出旅游宣传
		3	考察			○	○			●○			了解当地环境和胡同情况
		4	计划			○	○						详细制定胡同游项目
		5	合同			○	○						确认合同
二	旅游接待	1	促销										进一步推介胡同游项目
		2	咨询		●						●	●	当地胡同游咨询
		3	组团										接团社发胡同游接待计划
		4	接团	◎		○	○				◎	◎	确定当地胡同游日程
		5	计调	◎		○	○				◎	◎	根据名单预订接待人、车
		6	接待			○	○				◎	◎	落实进、观、吃、出活动
三	费用分配	1	团队费用						●				接团收费分配
				●	●	●	●						本地旅游公司收益分配
		2	外事			○							外事收益分配
		3	散客	◎	◎	◎	◎				◎	◎	散客收益分配
四	合作管理	1	国际										国外游客组织
		2	旅行社	●		●							接受投诉
		3	公司		●	●					●		旅游秩序、车辆商贩管理
		4	外事			○	○						外事团体的接待组织
		5	自订		●								游客直接向接待者预订
五	部门管理	1	安全							●○			涉外经营区公安分局备案
		2	交通		●					●			相关车辆停车、路线及资格
		3	行业										非法车辆、商贩管理
		4	市场					●	●				依法经营、打击非法
		5	景区		●								旅游景区管理

表注：

❶ _ 为旅游公司接待方式，_ 为外事接待方式，_ 为散客接待方式

❷ 全陪是全程陪同导游人员的简称，是作为组团社代表，在领队和地陪的配合下实施接待计划，为旅游团（者）提供全程陪同服务的导游人员。国外旅行社通常有一个本国的导游跟团，作为领队。

❸ 接待计划是组团旅行社（公司）委托各地方接待旅行社（公司）组织落实旅游团活动的契约性安排，是接团社（公司）了解该团基本情况和安排活动日程的主要依据。由国外旅行社或国内旅行社的驻外办事处提供国外游客名单及登记表，由国内旅行社提供国内游客名单及登记表，内容包括旅游团概况：国别、语言、收费标准（豪华、标准、经济）、领队人等。旅游团成员的情况：人数、团员姓名、职业、宗教信仰等。旅游路线和交通工具：全程路线、出入境地点、抵离当地的交通工具、时间、地点等。

❹ 在接到组团旅行社委托通知后，当地旅游公司营业部要填写任务通知书，一式两份，一份留存备查，一份送计调部预订地陪、车工、接待户，落实情况通知组团旅行社

❺ 当地旅游公司与相关旅行社团队按照旅行团费用结算通知单按月（次）结算。散客在旅游公司营业部签订旅游登记表与回执，按照委托代办支付券收取相应的费用。

❻ 地陪是地方陪同导游人员的简称，是指代表旅游公司实施接待计划，为游客提供当地旅游活动安排、讲解、翻译等服务的导游人员。

民有口头协议或签订《文明接待守则》。西城区接待居民回忆，“公司成立第二年找到居委会，提出到家里来看看，于是先开放居委会主任家。随着胡同游的发展，其他居民也逐渐发展为接待居民”。胡同游现在以旅游项目为主，外事接待只占很小一部分。居民自己和胡同游公司接洽，不再通过居委会，考察合格后双方直接签协议 。(图 3-5)

当地旅游公司负责胡同游的运营，与旅行社、当地居民合作，并接受当地政府部门、旅游局、行业协会的管理和监督。旅游公司与旅行社是合作经营的关系，接受合作旅行社的管理。一般情况下，旅游公司与考察合格的居民直接签订正式协议，吸收合格居民为接待居民。旅游公司与普通居民也存

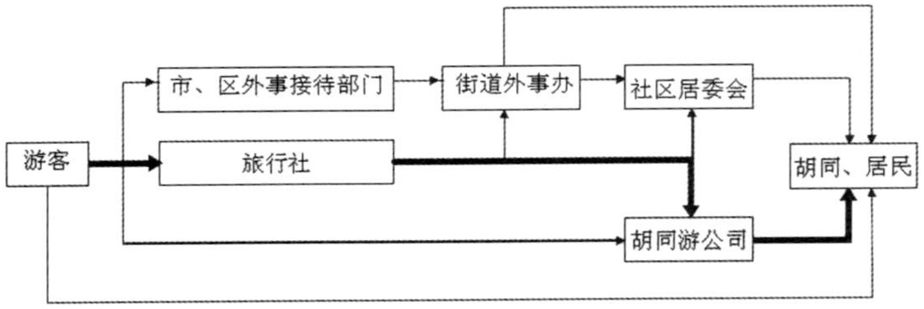

图 3-5
胡同游的组织方式（谷郁绘，2005 年）

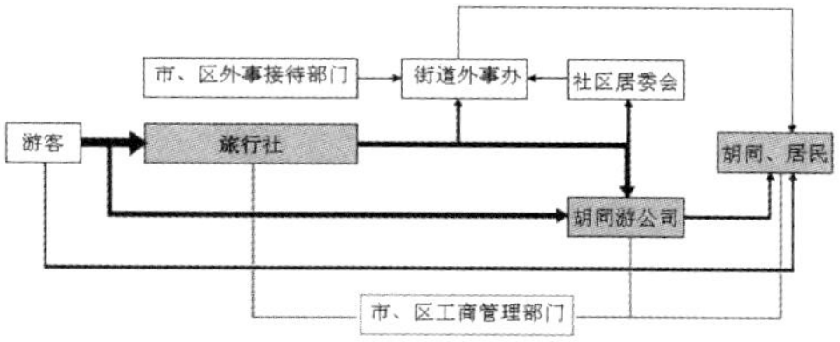

图 3-6
胡同游的收益分配（谷郁绘，2005 年）

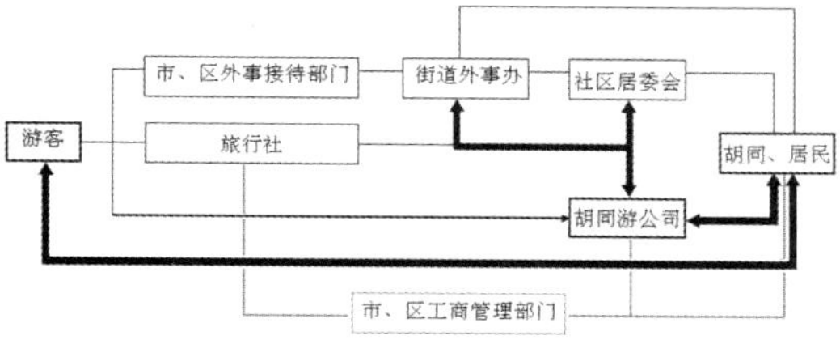

图 3-7
胡同游的矛盾关系（谷郁绘，2005 年）

在合作问题，旅游公司有时被动地吸引重点院居民为接待居民，有时在接待院设置投单箱，平均胡同游的门票收入，以缓和普通居民与接待居民的矛盾。胡同游的交通运营、运营区域和路线都需要政府的认可，需符合有关规定。(图 3-6)

3. 胡同游问题

10 余年的发展表明，胡同游一直处于“先发展，后调整”的被动状态，所在的胡同受到的冲击日益明显，目前的问题主要表现在胡同游空间利用及其管理方面。(图 3-7)

一是胡同游空间的问题。空间利用与胡同保护存在相互制约的关系。胡同游基本分布在北京旧城的文保区内，以现存的物理隔离如通畅的城市道路、广场、水域等为边界，与胡同保护既有密切的关系又相互制约。传统的胡同四合院是游客很感兴趣的地方，但一些保护较好的院落进不去，使胡同游路线受到很大限制。旅游公司对现有路线的经营则是利用为主，较少考虑将部分收益用于维护和修缮路线上的重要景点。据某街道保护办反映，当地的 20 多个文保单位，能开放的只有两个，其他因单位占用或居民居住，不能对外接待。按照北京市文保区的有关规定，保护措施和资金应由相关单位或国家负责，保护办并不参与管区内文保点的维护工作。因此，空间利用和胡同保护并没有建立有效的联系。

胡同空间的旅游开发与当地生活相互影响。胡同游的胡同具有游客与非游客互动的特点，当地生活作为胡同游的一个特色因素成为吸引游客的重要方面。但是，当地生活秩序有时受到游客参观、导游车夫、同院居民接待活动的过度侵扰，居民希望适当限制胡同游活动，同时保证胡同游的收益。旅游公司则认为城管、街道居委会等部门有时干涉过多，不利于胡同游项目的组织。胡同游带来非游客因素的改变，反过来也会影响游客活动。

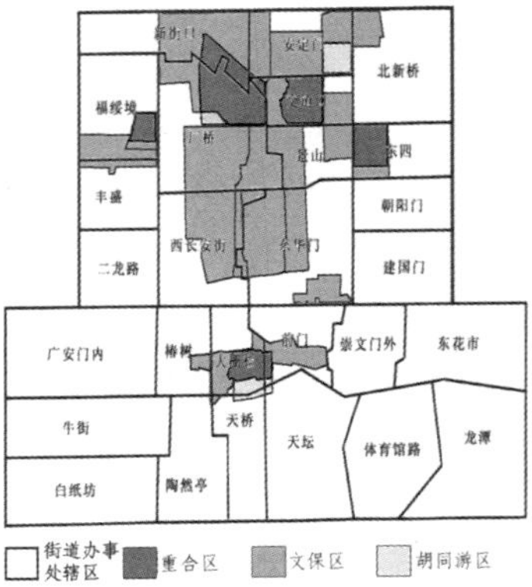

图 3-8

胡同游的胡同的分布与历史文化保护区和街道办事处辖区的关系

资料来源：根据北京旧城胡同变迁图（1949—2003年）改绘，北京市测绘设计研究院，2004年

二是胡同游管理的问题。管理权属不明晰是胡同游进一步发展的制约因素。胡同游的胡同目前属当地政府部门管辖，由于胡同游的范围与行政辖区、文保区相互交错，空间权属混乱，导致胡同游运营范围的冲突和非法运营大量出现。同时，因为没有及时明确相应的权属，当地政府对胡同游的参与多于管理，开始是直接参与，并提取一定比例的收益[1]，后来不再直接参与活动过程，而是强化了对胡同游资源的管理，但是依然占有一定的收益[2]。明确管理权属，也是杜绝政府与民争利，促使胡同游协调有序发展的关键。（图 3-8）

管理标准不明确是胡同游管理的又一问题。目前胡同游空间缺少明确的管理标准。首先，商业服务设施需要严格控制，确保胡同游空间、重要景点、非游客因素的连续性，满足当地生活需要和游客兴趣；其次，胡同中也需要一定的服务娱

[1] 依据访谈，居委会除推荐居民、参与接待居民的协议外，也监督居民接待活动。某接待居民回忆，"我曾经接待过四方博通的客人，居委会发现后告诉了胡同游公司"。

[2] 依据访谈，开始是街道居委会直接得利，"1998年接待费是2元/人，月底结算抽8%：其中税3%，5%给居委会。2002年接待降为1元/人，只收3%的税，不再给居委会，改由胡同游公司每年给办事处一定的数目。在这次降价之后，胡同游公司改组为股份有限公司，西城区政府不参与经营但参与分红"。

乐场所以维护游客利益。因此，只有依照特定的胡同游空间标准对建筑工程、市政工程和附加工程的管理，才不会成为空谈。

胡同游目前存在的问题主要体现在以经济为主导，忽视胡同游自身的规律。管理部门、旅游公司、当地居民大力发展胡同游的愿望很强烈，因为越来越多的游客喜欢胡同游。而游客的兴趣是多变的，因此不能将胡同的保护和发展完全建立在胡同游的基础上。胡同吸引游客的原始样态是不可再生的。因此,有必要对胡同游自身的活动规律进行专门的研究，重点考察胡同游空间和非游客互动因素，探索使胡同游活动和当地生活相契合、促进胡同游协调有序发展的方式。

（二）胡同游空间的定义

1. 胡同游空间的定义

胡同游空间是指北京旧城胡同游项目定点游览的胡同中，胡同游运作者选择并引导游客参观访问的、具有连续样态和互动非游客因素的空间。

胡同游空间首先具有连续的特征。尽管在胡同中原有的居住空间被置换为商铺、酒吧等现代功能和空间形态，但因为规模、数量和位置的限制，整体上并没有打破胡同原有的连续性。反之，由于大量的新建筑见缝插针导致胡同空间的连续性受阻，这样的胡同不属于胡同游空间的范围。其次，胡同游空间具有非游客互动因素。非游客因素是指除游客外的行为活动，包括当地居民生活、商贩活动及导游车夫等，这些因素使胡同游活动具有很强的互动性。连续性和互动性通过胡同游运作者的选择和引导,形成当地的“胡同游”空间（图3-9）。

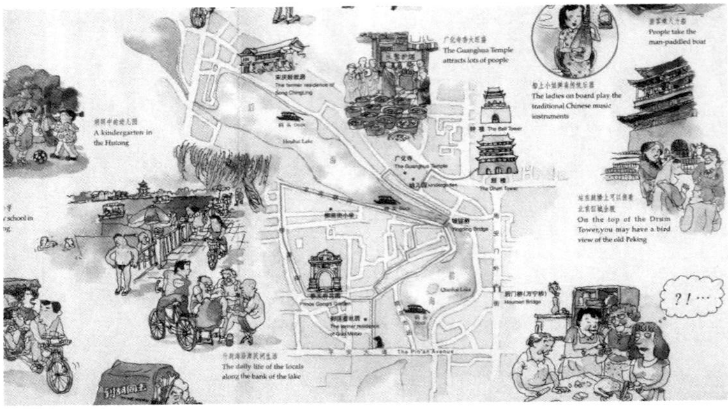

图 3-9
胡同游空间的连续性和互动性
资料来源：胡同文化公司，2005 年

2. 胡同游空间的相关研究

从城市设计角度对胡同的研究，关注胡同作为空间要素对空间整体的意义。如梁思成[1]、吴良镛[2]、侯仁之[3]研究胡同与城市空间的结构关系，将胡同作为北京城的背景要素之一。朱文一[4]开始关注胡同空间形态自身的意义，通过分析北京旧城的“边界原型”和“街道亚原型”两种空间结构，提出胡同属于街道空间亚原型，使用功能为商业的街市或生活的街巷。

---

1. 梁思成认为城市是“有机的秩序组织体”，城市的细胞是每个建筑单位，其“特征或个性”，及“与其他单位间之相互关系（Correlation）”是建立“善美有规则的形式秩序”和“社会秩序”（social-order）”的要素。梁思成.市镇的体系秩序//梁思成.梁思成全集：第四卷.北京：中国建筑工业出版社，2001：303-306
2. 吴良镛（1989年）尤其重视城市的“整体性”，在菊儿胡同“新四合院”中“保留胡同式街坊体系”，形成了一种新的符合城市构图规律的“图—底”关系，以实现北京城市空间整体结构的“秩序”。
   吴良镛.北京旧城与菊儿胡同.北京：中国建筑工业出版社，1994
3. 侯仁之（1992年）认为元大都是在“中心台”、“中轴线”、“大内”、“皇城”、“南北大街”及“大城四面以及各城门位置确定之后，从而确定大城之内和宫城之外的街道坊巷和胡同的统一布局和划分”。
   侯仁之.试论元大都城的规划设计.侯仁之.侯仁之文集.北京：北京大学出版社，1998：135-143
4. 朱文一.空间·符号·城市——一种城市设计理论 .北京：中国建筑工业出版社，1993

顾朝林、宋国臣[1]提出胡同与北京旧城空间的知觉关系，从“知觉图式”的角度研究北京人的空间意向，综合“您会向初到北京的人介绍什么”和“您最喜欢北京什么”两个问题进行统计，以胡同作为意向首位要素者占总数的10%，胡同具有“风土人情”、“历史”、“文化”等空间知觉的意味。

城市社会学关注胡同—社会复合系统，这方面的研究有邓奕[2]对清代乾隆京城全图的分析，详尽到胡同街区尺度的社会制度与胡同具体空间形态的对应关系，如“水井、栅栏、寺庙分布”等。此外，还有对北京社会空间演化的研究。张杰[3]分析北京危旧房改造对社会生活空间网络的影响，大量居民拆迁，打破了旧城原有的胡同街区，带来空间环境和社区问题。顾朝林[4]认为包括旧城在内的整个北京城市正在从“同心圆结构”向“同心圆—扇形模式发展”，其中内城四合院和胡同正由传统的富人居住区转变成相对贫困的老北京人和新移民集中居住的“老居住区”。吴启焰[5]分析居住空间的组织利用和含义，认为北京的大街—胡同—四合院三级体系是宋代以来城市社会进一步分化对里坊空间结构分异的延续，胡同具有空间结构和社会系统的综合特征。对胡同社会问题的研究有，边兰春等出于旧城功能重组和复兴的目的，以院落为

[1] 顾朝林，宋国臣.北京城市意象空间调查与分析.规划师，2001，17（2）：25-28，83.两个问题中，“前者反映北京的总体意向，后者反映意向的多样性”，两组答案存在明显差别，重合率为25%。

[2] 邓奕.北京旧城街坊空间的形成与演变.博士学位论文.日本：神户大学自然科学研究院，2002

[3] 张杰.北京城市保护与改造的现状与问题.城市规划，2002，26（2）：73-75

[4] 顾朝林，C.克斯特洛德. 北京社会空间影响因素及其演化.城市规划，1994（4）

[5] 吴启焰.大城市居住空间分异研究的理论与实践. 北京:科学出版社，2001：55-57

单位分析什刹海等地区的胡同—人口关系，提出这些胡同的人口、经济状况、房屋产权[1]等反映的社会问题。齐守成[2]以具体的社会现象和社会单位考察胡同中社会阶层的活动，也是对胡同社会生活的重要研究。

北京旧城保护中的胡同研究，主要集中在胡同的保护价值发掘、保护利用方法、保护运作等方面。谭英结合社会学方法从“居民角度”研究胡同街区改造，根据居民的经济承受能力和实际需要来确定更新改造的方法和内容[3]。方可认为胡同应保护大干路、大街坊、小胡同街巷体系，胡同走向与景观的呼应关系，以及基本机理中的城市“马赛克现象”[4]。

旅游学对胡同游的研究，主要包括对胡同游活动过程的原始记录，对胡同游活动负面影响的有限分析，以及大量经济和管理方面的内容，缺少对胡同游自身活动规律的研究。胡同游活动的研究开始是活动过程的原始记录，如徐勇[5]、郑杨[6]等对活动过程的描述和推介的文章，政府相关文献、旅游公司、街道外事办、接待居民、某些游客也对各自参与的活动做有一定的记录[7]。近期开始对胡同游活动的影响进行研究，

---

[1] 范嗣斌，边兰春.烟袋斜街地区院落整治更新初探.北京规划建设，2002（1）：23-27

[2] 齐守成.都市里的杂巴地：中国传统闹市扫描.沈阳：辽宁人民出版社，2000

[3] 谭英.从居民角度出发对北京旧城居住区改造方式的研究.清华大学博士学位论文.北京：清华大学建筑学院，1997

[4] 方可.探索北京旧城居住区有机更新的适合途径.清华大学博士学位论文.北京：清华大学建筑学院，1999

[5] 徐勇.“胡同游览”的启示.北京规划建设，1998（2）：36-38

[6] 郑杨.论历史地段有序更新的市场机制：北京胡同游实证研究.北京规划建设，1998（2）：34-35

[7] 依据访谈，胡同游公司有接待过程的文件、相关统计数据记录，接待居民有活动过程记录、费用统计，街道办事处有对本街道的外事接待年度总结上报，公安局有对涉外经营的安全等级记录等。

目的是把握胡同游活动自身的规律，如各区旅游局的规划研究中指出了胡同游组织和活动存在的问题。谷郁[1]对胡同游所在胡同的空间演变择例研究，分析了胡同游活动与当地非游客因素的相互影响。

胡同游经济的研究主要集中于胡同游对地区经济发展的作用，这与当地政府的高度重视与催化有关。卫彦红[2]对胡同游经济效益进行调查，根据胡同文化公司前三年的运营情况，认为胡同游是同类项目的典范。郑杨[3]通过分析胡同游的活动方式与成效，说明市场交易实现了历史街区的价值补偿，使胡同资源成为可以量化的文化资产，符合历史文化产品市场经营的规律。市、区政府的旅游规划中相关胡同游的研究也大多集中在经济方面，《北京市旅游发展“十五”计划纲要》、《北京市旅游发展总体规划（2000—2010年）》等都分析了开发胡同游的价值，认为胡同四合院、传统文化、平民生活等是诱发胡同游的因素，应当充分利用。如东城区[4]提出既然西城区的胡同游已得到普遍好评和良好的收益，本区的四合院保护得更好，当然可开辟为北京另外一个“胡同游览区”。西城区则计划从胡同观光游向胡同度假游转变，开发深层次的精品线路，将游览时间由现在的1～5小时延长到1～2天[5]，来增加“游客在西城区的消费”。当地的政府、企业、居民往往从经济利益的角度思考胡同游的意义。因此，胡同游的研究以经验性的

---

[1] Guyu. The influence of hutong tour on space in yandaixiejie area[C].Hongkong: The 9th Inter-University Seminar on Asian Megacities, 2004

[2] 卫彦红.小胡同里做出大文章.经济世界, 1997(7): 40-41

[3] 郑杨.论历史地段有序更新的市场机制: 北京胡同游实证研究.北京规划建设, 1998(2): 2

[4] 北京市旅游专业管理局,编. 北京市各区县旅游发展汇编[G].北京: 中国旅游出版社, 1999: 20

[5] 西城区旅游局. 西城区旅游发展促进战略规划(2003—2008), 1999

分析、实证方法为主，但这种专家观点并不能代表游客的观点，是研究与开发在次序上出现的“倒错现象”❶。

胡同游管理的研究，主要包括管理体系和管理模式两方面。管理体系由政府调控、行业管理、企业管理、景区管理组成。西城区❷建议结合胡同游的经营健全管理体系，如设立区旅游发展促进委员会、旅游市场综合治理办公室、旅游涉外定点企业联合年审制度等。东城区提出“大旅游”❸的管理设想，以协调各有关利益主体之间的关系。伴随胡同游快速发展中出现的某些不平衡，管理模式正由政府主导转向社会化管理，市政府《北京市旅游管理条例修正案（草案）》中新增加胡同游特许经营的内容❹，西城区提出对于已开发的用地，根据实际需要可以增加适当的功能，需“社会化管理、多功能发展”。

根据胡同旅游的历代图文记载，元建都以来，“来京观光者众”，因此产生了一系列记录北京情事以指导行旅和游览的著作，于“城市生活和社会状况、市井风情尤所留意”❺。相关记载包括地名史志、民俗研究和游记。

---

❶ 这与国内旅游研究的大背景有关。现代旅游在国内的研究尚处于萌芽阶段。同时，由于旅游业被界定为国民经济新的增长点，研究领域向经济、管理的角度严重倾斜。《旅游学刊》从1986年到1999年14年所发表的1435篇文献中，旅游经济与管理方面的文献为810篇。在这一宏观背景下，胡同游研究不可避免地呈现出十分功利的倾向

❷ 北京市旅游专业管理局，编. 北京市各区县旅游发展汇编［G］.北京：中国旅游出版社，1999：41

❸ 北京市旅游专业管理局，编. 北京市各区县旅游发展汇编［G］.北京：中国旅游出版社，1999：30

❹ 周明杰.北京人大审议旅游管理条例率先控制景区游客量［N］.(2004-07-27)［2006-05-06］.http://news.xinhuanet.com/newscenter/2004-07/27/content_1658217.htm

❺ 吴建雍，王岗，姜纬堂，等.北京城市生活史.北京：开明出版社，1997

胡同地名史志有张爵（明）《京师五城坊巷胡同集》[1]、朱彝尊（清）《日下旧闻》与后来的《日下旧闻考》[2]等。民国时期的陈宗蕃《燕都丛考》[3]记载了当时内六区各街市、外五区各街市。北平市政府《旧都文物略》[4]坊巷略，注重社会生活的记载，并附各区街巷详图。金启昌《故都变迁史略》记录了1900—1937年间北京城制沿革，以街巷为脉络，讲述了皇城、内城、外城变迁。李炳术《北平地名典》[5]“犹详接口”，记录了城区胡同街巷相接的关系。当代张清常的《北京街巷名称史话》[6]，探究了胡同名称起源和沿革；王彬的《实用北京街巷指南》[7]，依照现场踏勘，凡新建、变化、消失的街巷都与政府颁布的路牌都做了对应记录，并做简要说明；翁立的《北京的胡同》[8]研究胡同历史变迁。另有北京市公安局编制《北京市街巷名称录》[9]，北京市地名志编辑委员会编《东城区地名志》[10]、《西城区地名志》[11]等胡同实况记载。王彬的《北京地名典》[12]（2001年）详尽记录了胡同建制的变革过程。

胡同民俗研究有清末佚名《清北京店铺门面》，蔡省吾辑

---

[1] ［明］张爵.京师五城坊巷胡同集.北京：北京古籍出版社，1982

[2] ［清］于敏中，等，编.日下旧闻考.北京：北京古籍出版社，1985

[3] ［民国］陈宗蕃.燕都丛考.北京：古籍出版社，1991

[4] 汤用彬，陈声聪，彭一卣，编著.旧都文物略.钟少华，点校.北京：华文出版社，2004

[5] 李炳术，编.北平地名典.北平［北京］：北平民社，民国22［1933］

[6] 张清常.北京街巷名称史话.修订本.北京：北京语言文化大学出版社，2004

[7] 王彬，主编.实用北京街巷指南.北京：北京燕山出版社，1987

[8] 翁立.北京的胡同.图文珍藏版.北京：北京图书馆出版社，2003

[9] 严肃，编.北京市街巷名称录.北京：群众出版社，1986

[10] 北京市东城区地名志编辑委员会，编.北京市东城区地名志.北京：北京出版社，1992

[11] 北京市西城区地名志编辑委员会，编.北京市西城区地名志.北京：北京出版社，1992

[12] 王彬，徐秀珊，主编.北京地名典.北京：中国文联出版公司，2001

《一岁货声》[1]，齐如山《故都市乐图考》[2]，金受申《老北京的生活》[3]，潘荣陛《燕京岁时纪胜》[4]及其《增补》等。当代有林岩等编的《老北京店铺的招幌》[5]，王文宝《专门记录清代北京商业吆喝习俗的两个手抄本》[6]等。这些书籍分别从语言学、民俗学、民间工艺美术的角度研究胡同民俗活动的特征。

胡同游记主要是关于色彩、声音、材质、形态、时节、传说的记录，描述游客的感受。刘易斯·查尔斯·阿灵顿[7]是近代第一个详尽记录胡同游的外国人，对现在胡同游项目集中的三个地段都有记述，如“这次我们从皇宫的后门——地安门开始我们的旅行，来到地安门，沿着大街向北就是鼓楼，向左就是鼓楼大街了。南边的任何一条胡同都可以把我们带到一个狭窄的小水域——石迹，但地图上标记的正确地名是什刹海。夏天这里是下层老百姓成群结队休息喝茶、听书、唱戏的地方”[8]，“过桥[9]，沿着前门大街向前在第四个十字路

---

[1] [清]蔡省吾，辑.一岁货声.手抄本

[2] [民国]齐如山.故都市乐图考.北平[北京]：北平国剧学会，民国24[1935]

[3] 金受申.老北京的生活.北京市政协文史资料研究委员会，东城区政协文史资料征集委员会，编.北京：北京出版社，1989

[4] [清]潘荣陛，富察敦崇，著.帝京岁时纪胜：燕京岁时记.北京：北京古籍出版社，1981

[5] 林岩，等，编.老北京店铺的招幌.北京：傅文书社，1987

[6] 王文宝.吆喝与招幌.北京：同心出版社，2002

[7] [美]刘易斯·查尔斯·阿灵顿.古都旧景：65年前外国人眼中的老北京.赵晓阳，译.北京：经济科学出版社，1999：8
本书原名《寻找老北京》（*in search of old beijing*），是为到北京的外国人写的“关于北京历史、文化”的“游览书”，对20世纪20~30年代已经消失和正在消失的北京旧景进行了翔实记录，在实际踏勘过程中的体会和感受也有颇多的记载，甚至记述了旅游时间及价格。对著名的古迹还绘制了结构图，而且都是亲历地点，有些甚至是当时还未公开做旅游点的地方，对当时胡同的详细记载就是其中的重要部分。

[8] [美]刘易斯·查尔斯·阿灵顿.古都旧景：65年前外国人眼中的老北京.赵晓阳，译.北京：经济科学出版社，1999：122

[9] 前门外护城河桥

口向右转，一条狭窄而繁忙的街道就是大栅栏，因四角都是木头栅栏，故名。这里有一些很大的丝绸店，同时也有西洋货等新鲜玩意儿。这里还通向我们后边将说到的饭店和娱乐场所”[1]。萨莫尔·维克多·康斯坦[2]依照春夏秋冬四季顺序，记述了清末民初北京的诸行市声，各有插图和附若干照片。另外，近代学者路易斯·克兰[3]关注“中国式的街巷之美”，她对招幌的记录“北京街道两侧店铺的正面都被各种精雕细刻、表层髹以华丽和谐色彩的饰物所覆盖。有着龙头形装饰的铁制腕木，水平地从墙面伸出，这些腕木下都悬挂着色彩醒目、足以唤起人们好奇心的各种招幌。在有心人看来，这就是最能使他们感到从未经历过的快乐和在远眺古老皇城的诸般街景中真正可作为美丽而被欣赏的景物”。

当代引起游客关注的《胡同一百零一像》[4]等摄影集，也体现了游客对胡同空间与当地生活的关注。这些文献以辑录资料、介绍的描述性成果居主，为研究提供了参照。

二、胡同游空间的类型

按照空间和行为的对应关系，可以对胡同游空间类型和非游客互动因素进行分析。首先依据游客行为的空间模式如行进、感觉、认知体验、互动交流，将胡同游空间划分为四种类型：周游空间、引游空间、驻游空间和入游空间，分析胡同游空

---

[1] ［美］刘易斯·查尔斯·阿灵顿.古都旧景：65年前外国人眼中的老北京.赵晓阳，译.北京：经济科学出版社，1999：134

[2] 萨莫尔·维克多·康斯坦《北京街头小贩的吆喝与叫卖声》（*Calls,soundsand merchandise of the peking street peddlers*），1930年转引自曲彦斌.中国招幌与招徕市声.沈阳：辽宁人民出版社，2000

[3] 美国学者路易斯·克兰于1926年《从招幌符号看中国》（另译《中国的招幌与象征》）。转引自曲彦斌.中国招幌与招徕市声.沈阳：辽宁人民出版社，2000

[4] 徐勇.胡同一百零一像.杭州：浙江摄影出版社，1990

间的形态特征与游客行为的关系。其次通过对当地居民生活、商贩活动、导游车工等非游客因素的分析，列出他们对胡同游空间的影响（表 3-2）。

表 3-2 游客空间行为模式（谷郁绘）

行为序列	活动内容	空间模式	空间特征	空间模式
行进	乘三轮车、步行游览胡同	具有方向性的连续运动	连续的线	周游空间
感觉	在胡同四合院作稍长停留	具有指向对象的感受活动	匀质的点	引游空间
认知	拍照、某处作稍长停留、观察当地生活	对标志性空间景物的重点感受	标志的面	驻游空间
体验	参观接待院、品尝饭菜、与当地人接触	当地生活深度认知	互动领域	入游空间

（一）周游空间

“周游”空间是胡同游空间的基本类型，具有连续的胡同空间界面，强调连续的游览过程，是胡同游的一种空间界定。

1. 连续性

周游空间由胡同游运作者引导游客连续行进，由起止点、转折点形成连续的空间路线。起止点通常以现存的物理隔离（如通畅的城市道路、广场、水域等）作为清晰的边界，是胡同与街道、胡同与胡同的接口，有助于游客形成抵达一刻的印象。每个胡同游的周游空间都具有多个起止点，丰富了游客的感受。转折点是周游空间方向性的重要标识，有助于游客辨认行进方向。转折点通常由胡同口、小广场、水域等构成。转折点的数量决定了周游空间的特质，适当数量的转折点可以丰富周游空间的连续性（图 3-10）。

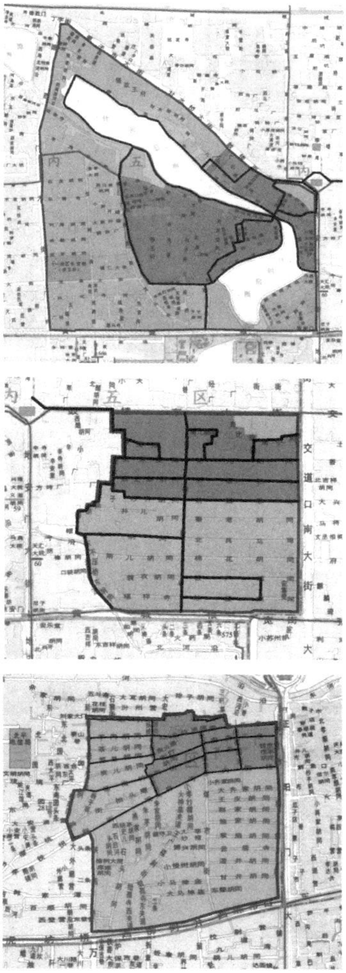

图 3-10
周游空间的连续性和方向性
1. 什刹海胡同游周游空间：边界为平安大道、地安门大街、北二环、新街口大街、德胜门内大街和鼓楼西大街；2. 南锣鼓巷胡同游周游空间：边界为平安大道、地安门大街、鼓楼东大街、交道口南大街；3. 大栅栏胡同游：没有形成类似的规模组织及固定线路，但是在大栅栏步行街北侧的门框胡同与周围胡同，自发形成了门框胡同周围的重点范围。资料来源：根据北京旧城胡同变迁图（1949—2003 年）改绘

例如，什刹海胡同游路线的主要起止点是前海西街南口，路线经过羊房胡同、后海河沿、宋庆龄故居、鼓楼大街及钟鼓楼，再经过地安门大街、烟袋斜街和银锭桥，至大小金丝套胡同和前海北沿的接待院、恭王府花园，以湖泊为主要景观，但也表现出区域休闲、商业、居住的多样性（图 3-11）。南锣鼓巷的主要起止点是钟鼓楼之间的小广场，路线经过后鼓楼苑至黑芝麻胡同、南锣鼓巷、菊儿胡同，在胡同中游览并入院参观。胡同口的连续排列形成整体的“蜈蚣巷”形状，各个胡同口的日杂店则体现了居住生活的特点（图 3-12）。大栅栏地区胡同游的多个起止点和转折点，多为家庭商业为主的商铺，占地平均，高度大致两层，一般为底层商铺，二层居住，功能的垂直分布一致，空间狭窄弯曲，体现出胡同家族商业作坊的特征（图 3-13）。

2. 周游空间的特征

周游空间给游客一种总体印象，界面具有连续性和方向性。水平界面为街面，竖直界面为街墙面。街面形状由街墙线确定，连续的街墙线具有足够的长度，使空间呈线形。街面和它所联系的空间形状相互影响。与其形状类似的线状图形，可以增强空间的组合感。与其呈对比的点状、面状、块状图形则具有对比感，起到视觉对位的作用，形成周游空间的起止点、转折点，游客往往要决定继续前进的方向。

街墙面形状由建筑轮廓线确定。轮廓图形尺寸范围为 2.5 ～ 5m，轮廓变化的空间尺寸为 d1 = 2.5m，h1 = 1.2m，d2=1.4m，h2=0.42m。街墙面轮廓具有整体的形状。轮廓图形的变化类型也具有一致性。直接面向胡同的入口，多为单层竖向三段、一间或三间的梁柱框架形式，均凸出门窗洞口，屋顶仅限于比较简单的硬山和悬山形式等。（表 3-3，图 3-14）

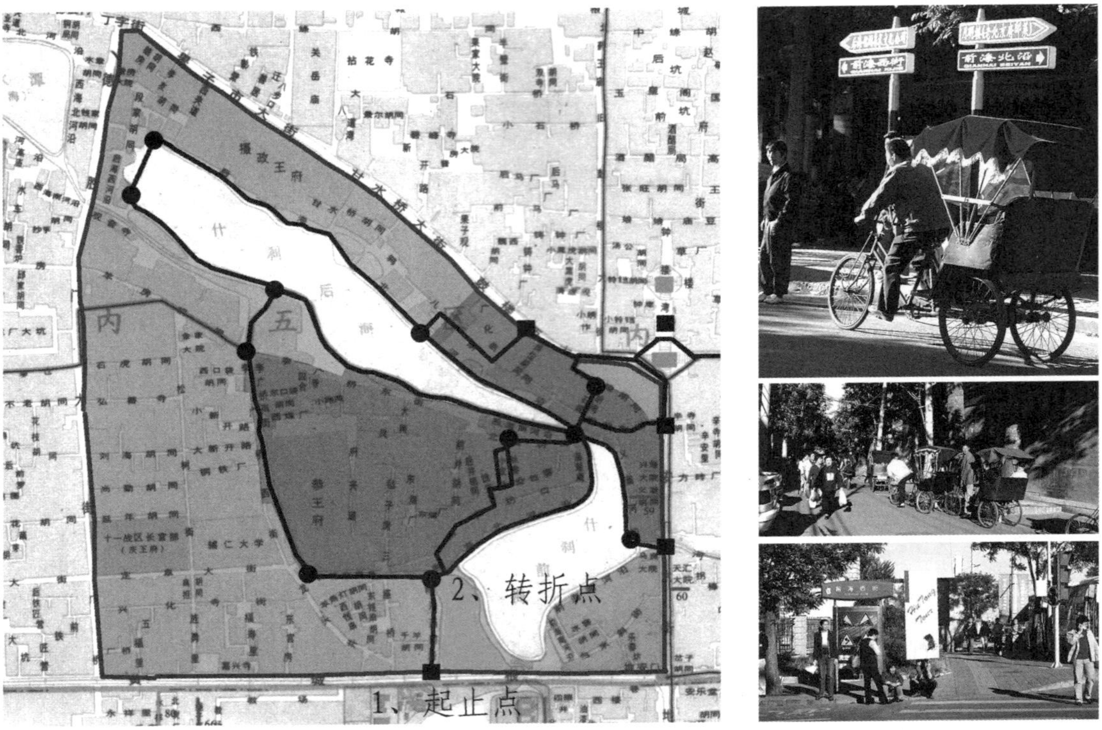

图 3-11
什刹海胡同游的方向性
左图为起止点和转折点（谷郁绘，2005 年）
右上图为前海西街南口；右中图为前海西街北口；右下图为前海西沿（谷郁摄，2004 年 10 月）

图 3-12
南锣鼓巷胡同游的起止点和转折点
左图为起止点（谷郁摄，2004 年 2 月）
右图为转折点（谷郁摄，2004 年 10 月）

图 3-13
大栅栏胡同游的起止点和转折点
上图为起止点（谷郁摄，2002 年 11 月）
下图为转折点（谷郁摄，2003 年 9 月）

图 3-14
街墙面轮廓图形的变化
上图为有更为舒适的空间比例的胡同
中图为中断连性的胡同（上、中图谷郁摄，2004 年 10 月）
下图为连续的周游空间（谷郁摄，2002 年 11 月）

周游空间有连续的比例和尺度。比例是周游空间实际尺度寸之间的数学关系，而尺度则指游客以参照要素感受的周游空间大小。设胡同实际宽度为 D，长度为 L，两侧建筑界面的高度为 H，界面开口的面宽为 W，即平行于游客行进方向的尺寸（图 3-15）。游客身体度量尺度为 R_d、R_h、R_w。周游空间水平与竖向的比例尺度见表 3-4。以 D/H[1] = 1 作为街道空间产生接近与远离感的界限，上表的 D/H 具有接近的封闭感，可以说是较为舒适的宽度。重要的一点是，周游空间并不具有最佳的 D、H、W 的比例和尺度，而是具有最为连续的特点。这首先体现为周游的胡同都具有一定的长度，这样的长度使上表中的比例和尺度反复出现，使周游空间连续而且很有生气（图 3-16）。尽管胡同游的胡同中，建筑被粉刷、加建和拆除的比率很高，周游空间基本保持了连续的线性特征。

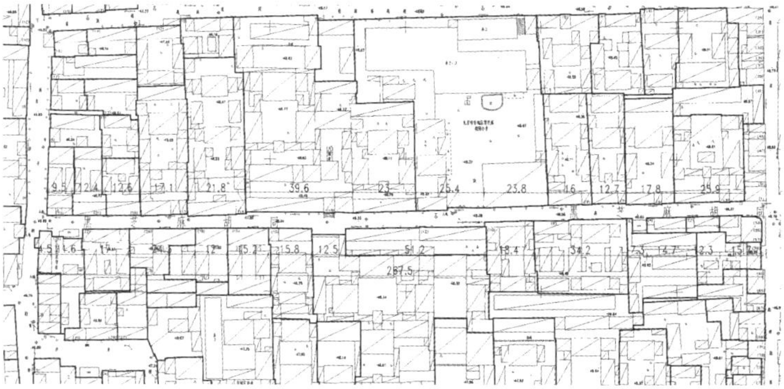

图 3-16
黑芝麻胡同周游空间的连续尺度。
资料来源：依据南锣鼓巷现状建筑的传统风貌和历史文化价值评估分类图改绘，北京市测绘设计研究院，2002 年

---

[1] D/H的应用之一，是把建筑作为“图形”观赏时，从建筑到视点的距离D与对象的建筑高度H之比。以前，按照建筑师的分析，若考虑在建筑上部看到天空，则建筑与视点之间的距离D同建筑高度H之比D/H=2，仰角成27° 即能观赏到建筑的整体。但是因为在胡同中可以从建筑高度的2~3倍距离正面观赏该建筑的场所几乎没有，而且人的头部可以不限于平视的角度做出俯仰动作，所以本章对D与H不作观赏距离的研究，而只考虑作为比例尺度的参照。

表 3-3 街墙面图形轮廓的尺寸（谷郁绘）

类型		院门				院墙			
尺寸	′d	2.74	2.80	1.60	1.51	0.45	0.52	0.43	0.32
	d	3.94	4.00	2.40	2.70	-	-	-	-
	′h	2.74	2.48	2.61	2.54	0.85	1.02	0.81	0.96
	h	0.42	0.42	0.26	0.39	-	-	-	-
	w	0.384	0.448	0.420	0.288	0.380	0.260	0.253	0.415
	D	5.15	5.32	5.00	4.80	4.50	5.20	4.30	5.20
	H	4.1	3.73	3.76	3.81	3.65	4.30	3.81	3.96
	W	3.57	3.53	3.25	3.21	3.58	3.35	2.88	3.47
比例	′d /D	0.53	0.53	0.32	0.31	0.10	0.10	0.10	0.06
	d/D	0.77	0.75	0.48	0.56	-	-	-	-
	′h /H	0.67	0.66	0.69	0.67	0.23	0.24	0.21	0.24
	h/H	0.14	0.17	0.11	0.10	-	-	-	-
	w/W	0.50	0.13	0.13	0.09	0.11	0.08	0.09	0.12
尺度	′d /Rd	5.48	5.60	3.20	3.02	0.90	1.04	0.86	0.64
	′h /Rh	1.66	1.50	1.58	1.54	0.52	0.62	0.49	0.58
	w/Rw	0.51	0.60	0.56	0.38	0.51	0.35	0.34	0.55

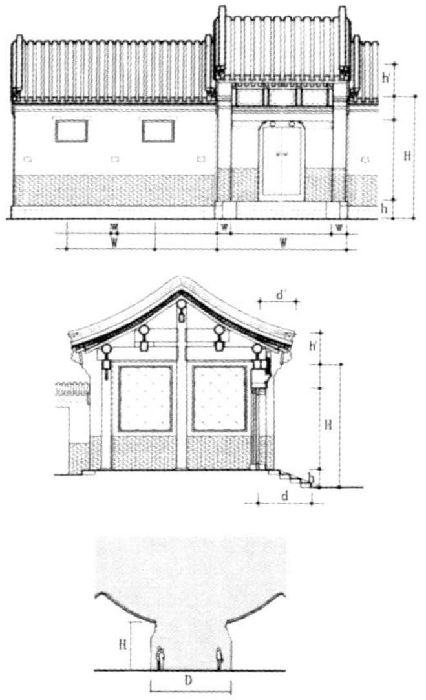

图 3-15
周游空间的尺寸位置（谷郁绘，2005 年）

续表

类型		建筑			
尺寸	′d	0.65	0.96	0.50	1.44
	d	1.55	1.26	1.11	1.44
	′h	2.41	2.59	2.44	2.57
	h	0.45	0.45	0.15	0.30
	w	0.400	0.40	0.30	0.35
	D	4.95	3.72	5.40	6.10
	H	3.88	3.87	3.9	4.0
	W	3.29	2.53	3.30	3.41
比例	d/D	0.13	0.26	0.09	0.24
	d/D	0.31	0.34	0.21	0.24
	h/H	0.62	0.67	0.63	0.64
	h/H	0.12	0.12	0.09	0.15
	w/W	0.12	0.16	0.09	0.10
尺度	d/Rd	1.30	1.92	1.00	2.88
	h/Rh	1.46	1.57	1.48	1.56
	w/Rw	0.53	0.53	0.40	0.47

注：数据为自选点测量或估测，下同。

表 3-4 周游空间的尺寸分析（谷郁绘）

类型		院门				院墙				建筑			
尺寸	D	5.15	5.32	5.00	4.80	4.50	5.20	4.30	5.20	4.95	3.72	5.40	6.10
	H	4.1	3.73	3.76	3.81	3.65	4.30	3.81	3.96	3.88	3.87	3.9	4.0
	W	3.57	3.53	3.25	3.21	3.58	3.35	2.88	3.47	3.29	2.53	3.30	3.41
比例	D/H	1.26	1.43	1.33	1.26	1.23	1.21	1.13	1.31	1.28	0.96	1.38	1.53
	W/D	0.69	0.66	0.65	0.67	0.80	0.64	0.67	0.67	0.66	0.68	0.61	0.56

3. 周游行为

周游行为是具有方向性的连续运动，游客通常选择便于控制的周游方式。首次进行胡同游的游客，一般选择乘人力三轮车，车工的接引可以增强他们对胡同的熟悉程度。其他游客有的选择骑行，以进一步了解胡同生活的具体细节，这要求更为熟悉周游空间，比如一些胡同爱好者和学者，而导游反映“碰到这样的游客，我们得跟他们走”。还有的游客选择步行，尽管对胡同可能不太熟悉，但是步行方式易控制游览内容、观察角度和行进速度（图 3-17）。

周游方式的变化可以丰富游客的感受。因为游客步行、骑行、乘车的参照尺度 R_d、R_h、R_w 各不相同，会产生不同的空间感。以 R 表示不同行进方式的空间感：$R=(D、H、W)/(R_d/R_h/R_w)$，$1<R<3$ 是可以控制的空间范围，$3<R<10$ 是可以体验的空间范围。不同行进方式的空间感保持各自的连续性。（表 3-5、表 3-6）

周游行为需要辨识空间和方位。周游空间过于杂乱，游客会找不到路径及无法辨认方位，也有游客会产生“环境不真实”的感受。但是许多游客还是选择步行游览胡同，这就需要易于辨识的周游空间，以减轻游客的压力[1]。起止点、转

图 3-17
周游行为的三种方式。上图为步行；中图为骑行；下图为乘行。
资料来源：北京古垣人力客运三轮车胡同游览有限公司

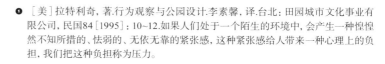

[1] ［美］拉特利奇，著.行为观察与公园设计.李素馨，译.台北：田园城市文化事业有限公司，民国84［1995］：10~12.如果人们处于一个陌生的环境中，会产生一种惶惶然不知所措的、怯弱的、无依无靠的紧张感，这种紧张感给人带来一种心理上的负担，我们把这种负担称为压力。

表 3-5 周游方式的参照尺度（谷郁绘）

类型	1.步行		2.骑行		3.乘行	
Rd	0.5	步距	0.75	骑行通行宽度	1.50	双人人力车通行宽度
Rw	0.75	每步前后宽度	1.50	骑行速度约为步行两倍	2.00	骑行速度为步行三倍
Rh	1.65	平均视高	1.80	骑行平均视高	2.00	乘坐平均视高

表 3-6 周游方式的空间感分析（谷郁绘）

尺寸	D	5.15	5.32	5.00	4.80	4.50	5.20	4.30	5.20	4.95	3.72	5.40	6.10
	H	4.1	3.73	3.76	3.81	3.65	4.30	3.81	3.96	3.88	3.87	3.9	4.0
	W	3.57	3.53	3.25	3.21	3.58	3.35	2.88	3.47	3.29	2.53	3.30	3.41
步行尺度	D/Rd	10	10.64	10	9.6	9	10.4	8.6	10.4	9.9	7.44	10.8	12.2
	H/Rh	2.48	2.26	2.28	2.31	2.21	2.61	2.31	2.40	2.35	2.35	2.36	2.42
	W/Rw	4.76	4.71	4.33	4.28	4.77	4.47	3.84	4.63	4.39	3.37	4.40	4.55
骑行尺度	D/Rd	6.87	7.09	6.67	6.40	6.00	6.93	5.73	6.93	6.60	4.96	7.20	8.13
	H/Rh	2.28	2.07	2.09	2.12	2.03	2.39	2.12	2.20	2.16	2.15	2.17	2.22
	W/Rw	2.38	2.35	2.17	2.14	2.39	2.23	1.92	2.31	2.19	1.69	2.20	2.27
乘行尺度	D/Rd	3.43	3.55	3.33	3.20	3.00	3.47	2.87	3.47	3.30	2.48	3.60	4.07
	H/Rh	2.05	1.87	1.88	1.91	1.83	2.15	1.91	1.98	1.94	1.94	1.95	2.00
	W/Rw	1.79	1.77	1.63	1.61	1.79	1.68	1.44	1.74	1.65	1.27	1.65	1.71

折点的空间和活动有助于游客辨认行进方向。可以通过空间的比例尺度、形状、活动的差别强化转折点和起止点，保证周游行为的方向性和连续性（图 3-18）。

（二）引游空间

“引游”空间是令人记忆深刻的点，在周游总体概貌的基础上形成重点印象，强调断续的感觉过程，是胡同游空间中断续的感觉重点。

1. 断续性

引游空间由诱发游客感觉行为的重点景物构成，包

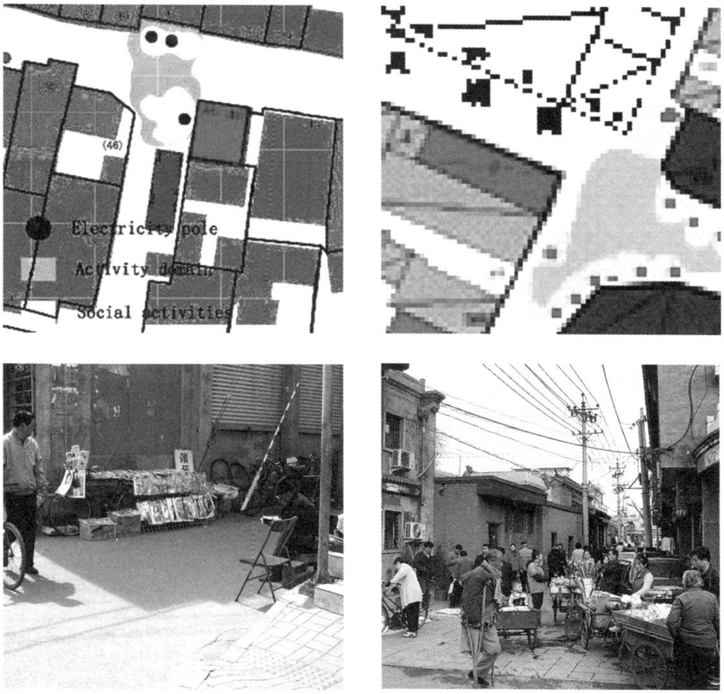

图 3-18
起止点、转折点的活动
左上图和左下图为固定的活动
右上图和右下图为临时性活动
（谷郁绘制及拍摄，2005 年）

括空间要素和人的活动。空间要素的分布具有断续性，往往都有特定的位置，使用类型化的建筑语言。空间要素的内容也具有断续性，如建筑装饰的主题包括家庭史、居民对未来的梦想等，是当地生活概念的个性表达。当地人的各方面的活动如居住、出行、买卖、商贩活动和当地导游等，分别从不同的角度体现着胡同生活的特点。

引游要素的断续性使胡同游运作者选择路线时尽可能串连最能反映胡同风貌的景物，如院落、门楼、树木、寺庙、故居等，以丰富游客的感受（图 3-19）。如果没有这些重点感受的对象，胡同游将失去自己的个性。从宋代《清明上河图》、元代《卢沟运筏图》、明代《皇都积胜图》，到清代《北京民

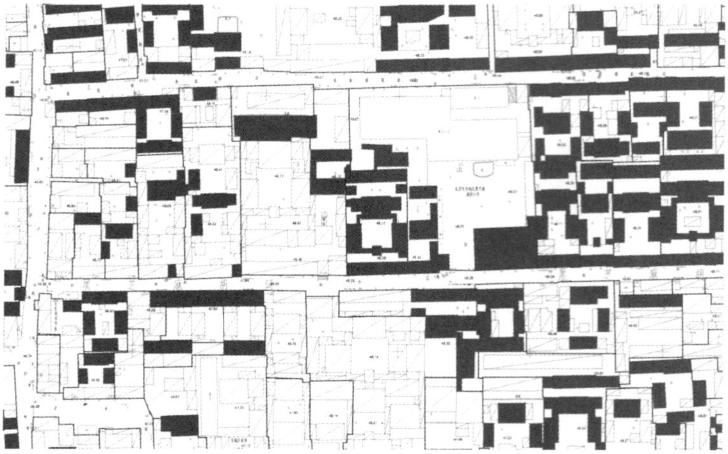

图 3-19
引游空间的景观比率
左图为平面位置（谷郁绘，2005 年）
上图为胡同景观（谷郁摄，2004 年 10 月）

间生活彩图》[1]，举凡描绘市井生活的图景，无不刻意表现街巷中的空间要素和人的活动（图 3-20）。

2. 引游空间的特征

周游空间是胡同游空间的基本类型，而吸引游客的一个个点形成的引游空间具有更为直接的引导性。尽管引游要素被纳入周游界面之中，仍然能在一定的视觉秩序中，以特殊的形象、声响、气味、活动等形成对游客的吸引，构成胡同游活动的重要内容。（表 3-7，图 3-21）

空间要素的分布具有固定的位置和层次，形成框层结构（图 3-22）。在周游过程中，断续的点又形成连续的序列。要素特别的位置、形象都可以引起特殊的感受，突破序列的连续性，会给游客造成杂乱的印象，影响到胡同游的整体感受。（图 3-23、图 3-24）

图 3-20　引游空间的断续性
上图为下棋（谷郁摄，2003 年 9 月）
中图为磨刀的小贩（谷郁摄，2004 年 10 月）
下图为卖空竹的小贩（谷郁摄，2004 年 10 月）

[1] 书目文献出版社编辑部，编.北京民间风俗百图.北京：书目文献出版社，1983.原名《北京民间生活彩图》。

图 3-21
引游要素与周游界面的关系（以院门为例）
1. 立面位置（谷郁绘，2005）
2. 引游要素
a 资料来源：李明德，著．胡同门楼建筑艺术 [M]. 李海川，摄影．北京：中国建筑工业出版社，2003：14；
b 资料来源：李明德，著．胡同门楼建筑艺术 [M]. 李海川，摄影．北京：中国建筑工业出版社，2003：38；
c 资料来源：李明德，著．胡同门楼建筑艺术 [M]. 李海川，摄影．北京：中国建筑工业出版社，2003：94；
d 资料来源：李明德，著．胡同门楼建筑艺术 [M]. 李海川，摄影．北京：中国建筑工业出版社，2003：91；
e 资料来源：李明德，著．胡同门楼建筑艺术 [M]. 李海川，摄影．北京：中国建筑工业出版社，2003：81；
f 资料来源：李明德，著．胡同门楼建筑艺术 [M]. 李海川，摄影．北京：中国建筑工业出版社，2003：96

表3-7　引游要素的类型化（谷郁依据马炳坚.北京四合院建筑.天津：天津大学出版社，1999：54中图绘）

材料	构件	位置	形状	色彩	尺寸[1]
木	门簪	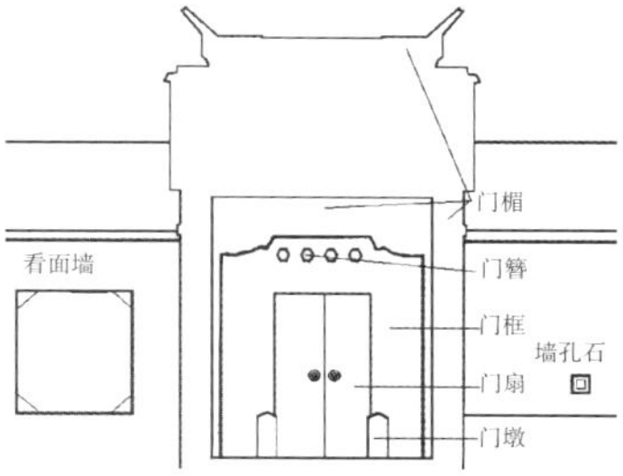	六角/圆形/方形	边框和字贴金（红土）烟子油	D=25cm L/D=1.2～1.5
	门框		边挺、门轴	（红土）烟子油	
	门扇		对开棋盘门	隐雕对联，同上	W=1.5-1.8m H＝1.9m
砖	门楣		长方形分格		
	戗檐		戗檐/垫花/博风头	砖本色	
	看面墙		三角形饰边角		
石	门墩		对房L形界石	石本色	H=65～90cm D＝64～80cm W＝22～30cm

[1] 李明德．胡同门楼建筑艺术．北京：中国建筑工业出版社，2003

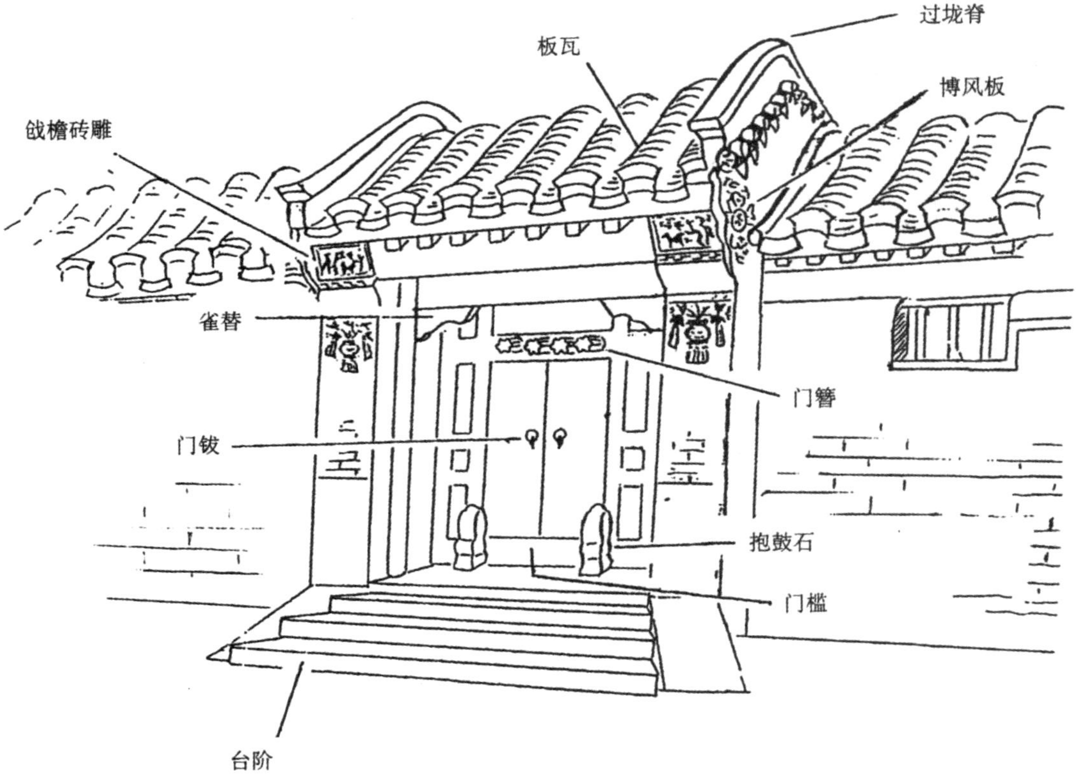

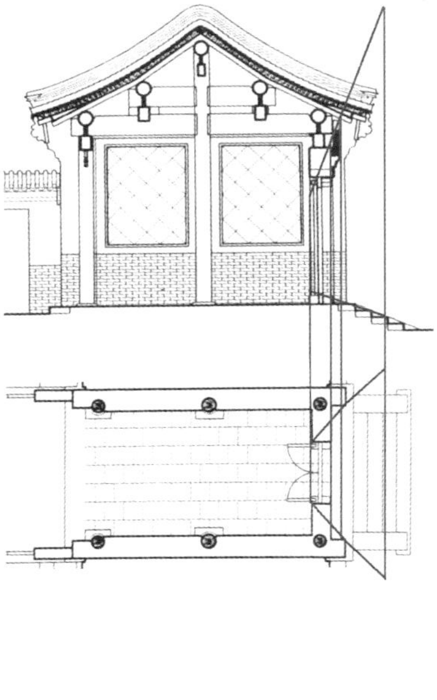

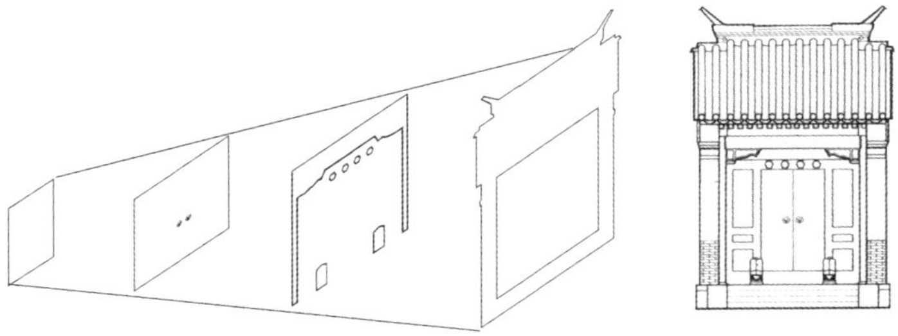

图 3-22
引游空间的框层结构（谷郁绘，2005 年）

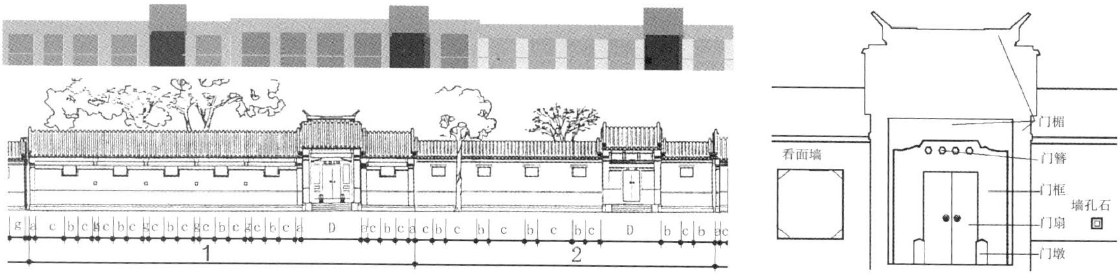

图 3-23
引游空间的连续序列（谷郁依据马炳坚．北京四合院建筑 [M]. 天津：天津大学出版社，1999：264 中图改绘）

图 3-24
引游要素突破连续序列
上图为上空（谷郁摄，2004 年 3 月）
中图为街面（谷郁摄，2004 年 2 月）
下图为街墙面（谷郁摄，2004 年 10 月）

3. 引游行为

引游过程中游客都将以预设的“意指系统”[1]寻找指向目标，是“寄情”于具体事物的一种感觉活动，所以游客对空间要素和当地生活，都显出专门的理解。胡同游中有的游客印象“很生动”、“很舒服”、“很有情调”，而有的认为“很不协调”，“跟这个城市想给人的印象不一样”，这些都取决于引游空间在总体概貌的基础上形成的重点印象。

引游行为是游客感觉对重点对象的指向和集中，是游客的一种意向活动。同游行为能够产生丰富深刻的感受，是游客重点描述的内容。引游行为的重点是形成视觉感受，有时声响和气味也是吸引游客的因素，如鹩哥的鸣叫、院中的花香、炸臭豆腐的气味等，都能通过眼、耳、鼻等感觉器官形成特殊的感受，令人印象深刻（表 3-8）。

引游行为通常伴随游客的其他空间行为。一是游客以不同的周游方式，在自身位置、角度的不断变化过程中，上半

[1] ［英］亚当.肯顿.行为互动：小范围相遇中的行为模式.张凯，译.北京：社会科学文献出版社，2001
按照“信号不仅仅是刺激，而且在接受者身上激起一种解释反映”，意指系统是一种自动符号学构架，它具有抽象的存在方式，而不取决于任何促成其事的潜在交际行为。相反，每种指向人们或介于其间的交流行为——甚或任何其他生物或机械智能机制——都把意指系统预设为其必要条件。

表 3-8 游客感觉行为的指向对象（谷郁绘）

感觉行为	指向要素	感受对象
观看行为	形象、色彩和形态	建筑、庭院、门墩、植物、服饰、商品等
聆听行为	声响、腔调、韵律	水声、虫声、动物、车声、买卖声、玩闹等
闻嗅行为	气味	植物、动物、食物、环境味道等

身和头部可以在一定的角度内转动，指向不同的视觉对象，把握引游点的特征。二是游客停止行进，静止在固定的观赏点，通过观察把握引游点的细节。

（三）驻游空间

“驻游”空间是胡同中游客认知并可把握的重要地点，游客在此短暂停留、观看、拍照和休息，强调一定的使用功能，是胡同游空间中少量的标志性地点。

1. 标志性

驻游空间包括周游的起止点、转折点，胡同中的一些市、区级文保单位，以及少量提供旅游服务的地点。

驻游空间的起止点为游客营造“抵达一刻”的感觉。什刹海胡同的前海西街，场地开阔，周围是公园或王府，对面西侧为北海北门，东西面分别为荷花市场、郭沫若故居，北面为恭王府后身，建筑隐在高大的树木之下，形成舒缓开阔的标志性景观。南锣鼓巷胡同游的钟鼓楼小广场，南北为钟鼓楼，东西为两排面向广场的低矮居民院，与周边的胡同街区衔接为整体。由此出发经鼓楼东大街，由后鼓楼苑胡同进入胡同居住区。钟鼓楼广场、鼓楼东大街、后鼓楼苑胡同入口的宽度依次减小，构建了封闭、亲切的标志性特征（图 3-25）。

图 3-25
起止点的标志性（谷郁摄，2004 年）
上图和中图为什刹海胡同游起止点的标志性
下图为南锣鼓巷胡同游起止点的标志性

图 3-26
什刹海胡同游驻游空间的功能性（谷郁摄，2003 年 3 月）

图 3-27
南锣鼓巷胡同游驻游空间的功能性（谷郁摄，2004 年 10 月）

驻游空间的转折点往往具有居民必需的功能，最能表现当地生活的特征。什刹海的荷花市场、后海南北沿入口依然以湖泊为主要景观，但水边的活动也表现出休闲、商业、居住的多样性。南锣鼓巷两边，各个胡同口的日杂店则体现了居住生活的特点。大栅栏的胡同转折点，多为商贩买卖活动的地点，吸引游客停留（图 3-26 ～图 3-28）。

胡同中的市、区级文保单位，是吸引游客参观的重要景点。通常也是游客、拍照、休息和购买纪念品的地点。其他少量旅游服务的地点，如胡同中的商铺、酒吧等，尽管具有现代功能和空间形态，因为提供了游客必需的功能，也会吸引游客短暂停留。

2. 驻游空间的特征

驻游空间形成视觉和活动从边界向中心收敛。在胡同口显示为“凸”面空间，在胡同中显示为“凹”面空间（图 3-29）。胡同口转折点的空间和活动强调了向外侧凸出的空间阳角，胡同中院门的框槛后退强调出转角封闭的空间阴角，是游客可以明确感受的空间范围，促使游客停留观看。

驻游的观看有远距离和近距离两种位置，使游客可以按照自己的喜好选择不同的方位。有时游客与对面遥遥相望，也是在兴致勃勃地观赏。对比驻游的位置，还发现游客停留的位置靠近外墙——与院门间隔一定的距离，以便从容地停留（图 3-30，图 3-31）。

驻游空间与周游空间的连接方式取决于游客数量、陌生程度和交往的情况（图 3-32）。驻游空间的尺寸取决于游客的行进方式。步行的游客可以随意地转弯、停留、止步或休息，乘行的游客就不能那么自由迅速改变方向和速度。所以周游

图 3-28
南锣鼓巷胡同游驻游空间的功能性（谷郁摄，2002 年 11 月）

图 3-29
驻游空间的朝向
上图为胡同口"凸"角（谷郁摄，2004 年 10 月）；下图为胡同中"凹"角（资料来源：北京古垣人力客运三轮车胡同游览有限公司）

宽度 $R_{db}<R_{qc}<R_{dc}$，而驻游宽度 $R_{db}>R_{qc}>R_{dc}$[1]（图 3-33，表 3-9）。

如果考虑以周游空间作为一种有效的组织秩序的手段，它必须有足够的基准[2]尺寸、封闭感和规则性，才可以把驻游空间组合起来。步行方式的驻游与周游通道连接密切，因此提倡步行游览的方式，但是步行同时增加了驻游时间，因此需限制游客数量避免拥堵。

3. 驻游行为

驻游行为是游客对标志性空间景物的认知和把握，体现了胡同游的深层感受。游客通过认知把握空间环境。依据皮尔斯的研究，女性通常运用界标及地区来辨认方位，而男性则多用街路系统及转角以求得立体的印象[3]。雷德认为游客对空间的把握与交通方式有关[4]。林奇则认为游客一开始都依赖界标作为方位指引，发展出自己的认知地图，更多的路径（如街道、路线、路程）就会融入其中[5]。尽管尚无法在胡同游活动中证实以上观点，但是通过游客对空间的细节描述和情绪表达，可以发现游客需要标志性的地点确认空间方位和特征。

驻游空间的使用功能是游客了解当地生活的主要方式，

---

[1] 分别代表步行、骑行、乘行三种方式。
[2] 辞海编辑委员会.辞海.1999年彩图珍藏本.上海：上海辞书出版社，2001：1475.
基准：机械制造中，用来确定零件或部件上某一几何元素（点、线、面）的位置所依赖的另外一个作为标注起点的几何元素（点、线、面）。按作用可分为设计基准和工艺基准（定位基准、测量基准、装配基准）两大类。
[3] 菲利普·皮尔斯，著.观光客行为的社会心理分析.刘修祥，译.台北：桂冠图书股份有限公司，1990：150
[4] 菲利普·皮尔斯，著.观光客行为的社会心理分析.刘修祥，译.台北：桂冠图书股份有限公司，1990：150
[5] 菲利普·皮尔斯，著.观光客行为的社会心理分析.刘修祥，译.台北：桂冠图书股份有限公司，1990：149

图 3-30
驻游空间的游客行为
上左图为听导游讲解(谷郁摄,2004 年 2 月)
上中图为休息(谷郁摄，2003 年 4 月)
上右图为拍照(谷郁摄，2002 年 11 月)
下左图为观看(谷郁摄，2004 年 2 月)
下右图为买卖(谷郁摄，2003 年 3 月)

图 3-31
驻游空间中游客的位置(谷郁摄绘)

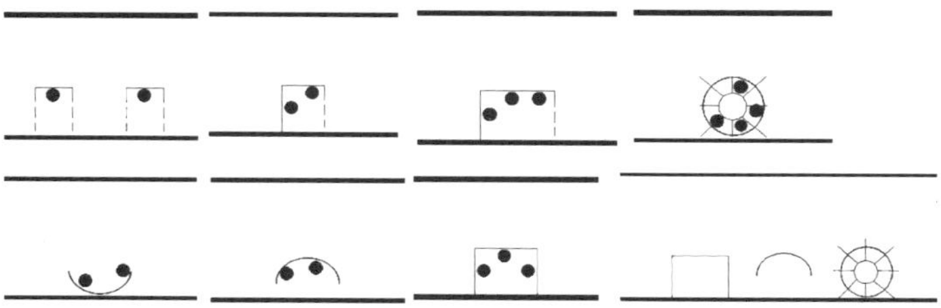

图 3-32
驻游空间的连接方式(谷郁绘)

表 3-9 驻游空间的连接与行进方式的关系（谷郁绘）

	d-宽度/m				驻留度	
	净宽	通行	通道	停步	每步移动距离/m	时间/s（每步时间）
b步行	0.65	0.65	占满	0.65 × 0.40	0.50	1
q骑行	0.65	1.15	两侧各退0.6	1.80 × 0.40	1.00	1/2
c乘行❶	1.00	1.50	两侧各退0.8	1.50 × 2.50	1.50	1/3

❶ 人力车是”胡同游”的主要乘行工具。为了观景方便和乘坐舒适，设计了加长的车身，前半部分同普通的自行车，而在自行车后加挂了可乘坐两人的车厢，车身整体长 2.5m，宽 1.0m，转弯半径 1.5 ～ 2m，速度是步行的三倍，一般由 5 ～ 15 辆车结队而行，一辆停放场地需 1.5 ～ 2.5m^2。

游客通过对比生活现象、居住状况、交通条件、消费水平等了解当地生活。在保证周游空间连续性的前提下，充分利用胡同现有建筑，合理安排适当的驻游功能，是深化胡同游的有效途径。

（四）入游空间

“入游”空间是胡同中保存完好、再现北京传统生活的空间。游客在其中进行参观、座谈、用餐、娱乐、住宿等深入的互动体验。

1. 互动性

对比前三种胡同游空间，入游空间集中表现出互动性，游客在其中体验当地生活，与当地居民进行密切的交流（图 3-34）。依照环境行为学的研究，人们通常按照空间领域意识的层次来使用户外空间。因为入游空间通常是那些有历史价值的、保存完好的院落，由边界、入口形成的特定领域范围、空间形态和功能清晰，对应“半私密 – 私密”的层次，是私人生活的领域，所以游客在导游和当地居民的引导下，会感

图 3-33
驻游空间的游客位置
（上图为谷郁绘，2005 年；中图为谷郁摄，2004 年 10 月；下图为谷郁摄，2002 年 11 月）

图 3-34
入游空间的互动性（资料来源：北京古垣人力客运三轮车胡同游览有限公司）
上图为胡同幼儿园；下图为居民家

到更为亲切甚至私密，这样能够促发深入的互动交流。入游空间也可以理解为一种私人拥有的公共空间。

2. 入游空间的特征

入游空间的入口呈现出互动的可能性，在一定程度上体现出内部的开放性。入口要素包括街墙面的门洞、台阶、下马石、树木等，提示入游空间的存在（图 3-35）。入游实质上是越过洞口，洞口有各种方式，从简单的门洞直至精心设计的门道，与周游空间的视觉和空间连通、可及，有良好的过渡（图 3-36）。入口形式与院内的建筑形式相似，起着提示和序幕的作用。

入口的位置决定入游空间的内部通道及空间感受。入口通常位于空间的一侧，先进入一个封闭的入口空间，然后再进入接待院；也可以偏离在空间的一角，经由入口通道直接进入接待院。(图 3-37)

入游空间与周游空间形成对比。一是比例和尺度的对比，入游空间的参照要素是基本的生活物件，因此尺度要小于周游空间。二是活动的对比，入游空间的活动经常伴随生活性

图 3-36
入游空间的过渡
上图为加大进深（谷郁摄，2004 年 10 月）
下图为标志（谷郁摄，2004 年 4 月）

图 3-35
入游空间的入口要素（谷郁摄，2004 年 10 月）
左图为树木；中图为台阶；右图为门洞

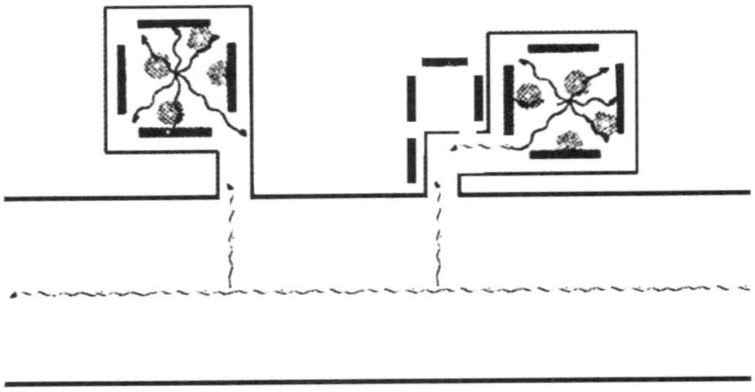

图 3-37
入游空间的连接与行进方式的关系
（谷郁绘，2005 年）

的内容，形成深入的互动体验（图 3-38）。

3. 入游行为

入游行为是游客体验当地生活和与当地人互动的主要途径，胡同生活是吸引游客的重要因素。多数游客“喜欢僻静的胡同”，纪念照多在院门、小花坛、树下、院中、鸟笼前拍摄。游客在当地居民家里一起包饺子，一起品尝，在院中“看到这些鸟，看看大家都在种树种花，有宠物，感觉到生活的情趣”。这些行为明显不是出于生理的要求，而是一种对当地日常生活方式深入互动体验的深层愿望。

图 3-38
入游空间中的互动体验
（谷郁摄，2005 年 5 月）

游客的入游行为有时具有自我表现的含义。院内的衣、食、住、行、娱乐等基本生活活动，常常唤起他们自身的生活记忆，在与居民交流的过程中通过表情、谈话、动作表现出来。这时，游客会很兴奋自己也被当地居民关注，有时某个动作是一种显示，甚至是一种炫耀[1]，以获得尊重和愉悦。

入游行为也使当地居民获得了尊重和认同。依据访谈，接

[1] ［美］拉特利奇，著.行为观察与公园设计.李素馨，译.台北：田园城市文化事业有限公司，民国84［1995］
炫耀行为在此解释为，“人们总想扮演一个角色，并陶醉于这种幻觉，以致自身下意识地表现出某种倾向的举动”。不管人们做什么，幸福的感觉总是伴随着某一种幻觉而出现：或体态优美，或举止优雅，或地位显赫，享受自己塑造的理想形象所获得的尊重和愉悦。

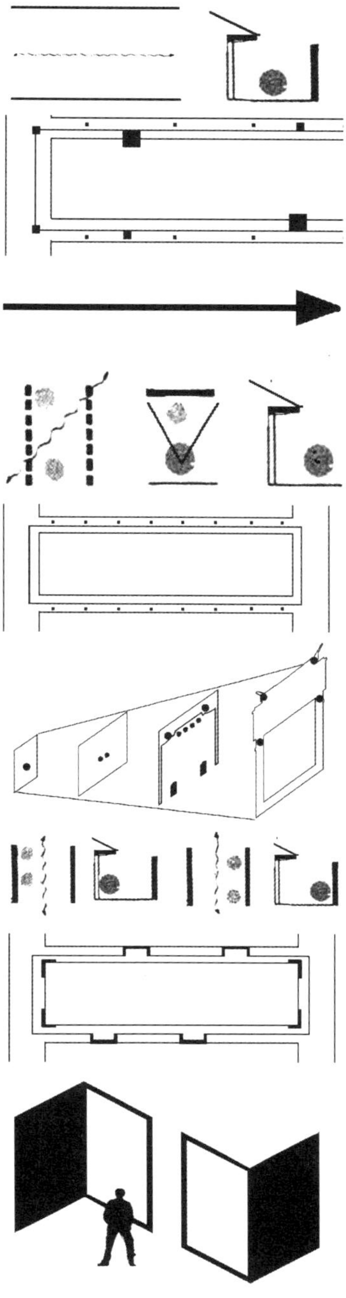

图 3-39
胡同游空间的类型（谷郁绘）

待居民多为中老年人，退休或下岗在家，非常重视与游客的交流。他们认为“尽管挣不了多少钱，但不出家门国门就能和外国人说上话，是了解别的国家的机会，主要还是重视这里面的文化交流”，不然“平时他们一上班，一个人太寂寞，整天就会躺在床上”。接待居民的家属也“希望家人做这个接待，多见点人，给老人解闷”。接待居民再次感受到个人的价值，“游客会问这个房子的历史，胡同的历史，平常也看了好多的书”，“好处一个是开发智力，再一个就是挖掘潜能，而且个人爱好也都可以用上，个人喜欢的编织、唱歌、养花，都和游客交流”。“我 72 岁开始学英语，现在还想学习俄语”。他们感到接待活动很有意义，努力让游客、公司接纳自己，希望自己融合于这个胡同游的群体。

但是居民不希望入游行为对周围生活造成不良的影响，因为“院子里一下子进那么多人，噪声很大，院子里就不是原来那么宁静了，老人、病人需要安静，就会受到一些影响”。“内院房子好，有动物，招引来好多人，就对外院有干扰。所以邻居间也发生过纠纷，有找街道居委会的，也有打 110 的”。同一院落的居民，没搞接待的就没有收入，“邻居之间记恨啊，影响了人家也没有什么补偿”。入游行为带来的这些问题对胡同游造成了一定的影响。

胡同游空间类型的分析，主要涉及空间形态和游客行为。游客在周游空间行进，被引游空间吸引、在驻游空间中休息和观赏、拍照，以及进入入游空间细细游览，完成富有趣味的胡同游过程。胡同游空间的首要特征，就表现为这四种空间类型的连续性。胡同游的胡同，必须同时具备这四种类型胡同游空间（图 3-39）。

三、胡同游空间的非游客因素

在胡同游过程中，当地的非游客因素使形态具有内在含义。非游客因素指当地居民衣食住行、商贩的买卖活动以及导游车夫等与胡同游直接相关的因素，这是胡同游区别于其他旅游活动如文物古迹游、自然山水游等的重要标志。在一定程度上，非游客因素直接影响胡同游的魅力指数。胡同游空间研究必须考虑非游客因素与胡同游的关系。

（一）非游客因素分析

游客是胡同游空间的主体，他们常常并存多种需要，有时某一种为主导，例如，品尝饺子的行为可以满足生理、认知、归属感的需要。主要使用游客访谈、接待者与游客交谈、过程跟踪的方法以获得游客需求和行为的基本记录，其中大都与非游客因素有关（图 3-40，图 3-41，表 3-10）。因此，为解析胡同游空间的特征，必须考虑非游客因素与胡同游的关系。

1. 非游客相关行为

当地居民介入胡同游的目的和方式各不相同。少数已经从事接待的居民正面受益较多，非接待居民承受负面影响较多。尽管当地生活受到影响，居民总体认可胡同游。依据访谈，占多数的非接待居民认为“这些资源非常宝贵，有人愿意来，开发旅游是最好的”，同时表示“发展胡同游是对的，但是要有组织，需要提高接待水平”。非接待居民希望直接参与胡同游，“这也是个大门大院儿，有景儿，包括有二道门、廊子啊，还有二层楼，既然有人来想看，我们希望办事处出面，跟公司订个合同，正规地接待游客”。接待居民注重胡同游活动带来的尊重和认同，非接待居民更加注重胡同游带来的经济收入。

居民的相关行为有居住、出行、娱乐和布置、制作等，

表 3-10　游客的 5 项最频繁行为（谷郁绘）

游客	1h游客	拍照、参观接待院、乘三轮车、在各处均作短暂停留、买纪念品
	3h游客	在胡同四合院作稍长停留、品尝饭菜、乘三轮车、拍照、买纪念品
	5h游客	拍照、在各处作稍长停留、品尝饭菜、乘三轮车游览胡同、与当地人接触
	外事游客	拍照、敏锐观察当地生活、步行游览胡同、参观接待院、与不同阶层的人接触

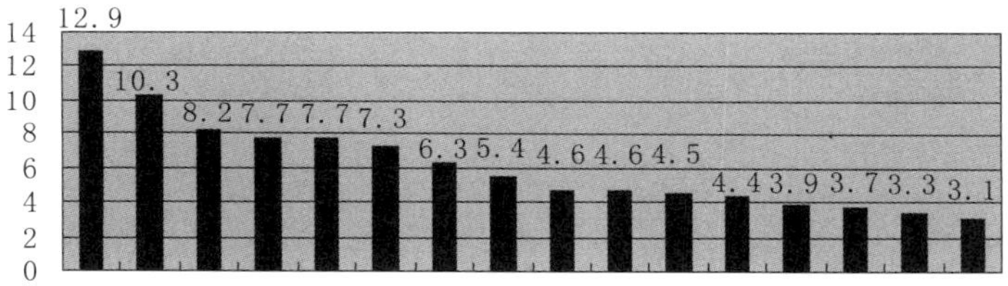

图 3-40
游客选择胡同游的理由（谷郁绘）

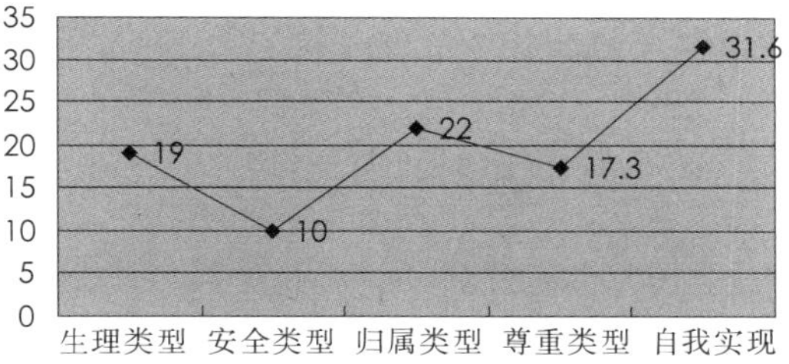

图 3-41
游客胡同游中的需求分布表（谷郁绘）

胡同和院落中的加建、改建反映出居住模式的改变。一是加建厨房空间容纳新设施，如冰箱、煤气灶、洗衣机等。二是分隔空间解决父母与子女同住的情况。三是加建院内卫生间。四是搭建增加经营面积，或将沿街住房翻建为两层，一层用作商铺，二层作为卧室。加建、改建不仅改变了原有的空间形态，同时降低了居住环境的质量。

胡同居民的闲暇时间很多，老人平均每天都有 5 小时，需要以社会生活填补时间的余闲。他们的出行、游憩行为具有一种开放性，诸如散步、买卖、健身等个人行为，以及老年人玩的棋牌、麻将，经常会出现诸多邻居的共同参与，并能吸引许多旁观者，在一定程度上避免了封闭、独立居家生活的弊病。

胡同游运作者通常是当地旅游公司的导游、车夫，外事接待则是当地街道、居委会的外事人员。胡同游运作者的相关行为有接送、引导、解说和交流，同时需要对游客行为进行适当限制，以免胡同游活动过度侵扰当地生活（图 3-42）。

接送游客的车辆过于集中，停车、穿行都会在胡同中造成拥堵。“大旅游团一来就是七八十人，三轮车队一大排把胡同都占满了，游客一下车就挤满了胡同里面。我们常年在这儿住的人，出去特别不方便，还得给来玩的让路。”“原来街坊邻居的安静的生活就变得不那么安静了。”

胡同游的胡同中商贩的数量和活动明显增加了。商贩的相关行为有摆放、流动和招徕行为。摆放的摊位多在巷口，这些摊位就地取材，有的是用木板拼出一张可以翻折的摊桌，摆上出售的商品，收摊时便将桌子折拢，靠墙边放置；有的是用几只木椅做垫衬，上面铺一块旧的门板或洗衣板充当摊

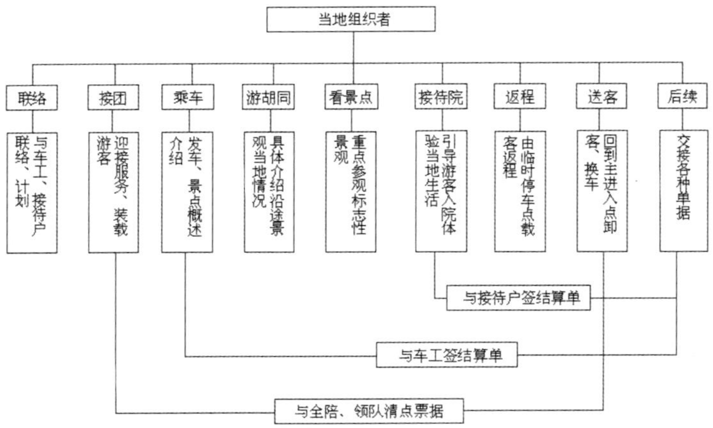

图 3-42
胡同游组织者的选择引导（谷郁绘）

桌；有的是摊贩肩挑车载而来，一边制作，一边用响亮的叫卖声招徕顾客。摆放的摊位多与居民日常生活密切相关，因此有的摊点具有很强的时段性，比如清晨的早点摊、傍晚的小吃和水果摊。

定点式摊位多摆放在胡同转角、胡同口服务设施附近。摊贩有的搭建小房或购置活动房作为销售地点，有的在自己的摊位上搭设各种鲜艳的遮阳帐篷，并配置了电子秤、电子扬声器等设备配合销售。其中又以修理、文娱、日杂，以及社会服务最为常见。

招徕的声音有人声或器声，如收旧货、卖空竹的小贩。流动商贩多为卖旅游纪念品的。与定点式的摊贩相比，流动式的摊贩更具有灵活性。过多的流动和聚集给游客带来杂乱感觉，游客常常抱怨“商贩太多”、“过分商业化”等。

一方面日用品商贩与居民的买卖活动非常吸引游客，游客、商贩、居民的活动交织在一起，游客认为这样的环境“杂乱”但“很有生活气息”。另一方面大量旅游品商贩涌入胡同，游客认为“到处都是小贩、乞丐，太商业化”。“小商贩和设施吵闹、杂乱”，与周围环境很不协调。居民认为旅游品商贩缺少管理，“滋生很多盲流，白天弄点头巾，弄点风筝，来了外国人呼啦一下就围上去了，让人家买这买那，晚上在我们门口停车，乱着呢”（图 3-43，图 3-44）。

2. 非游客因素排序

非游客因素是胡同游空间的基本因素（表 3-11）。综合非游客与游客的需求关系，可以得出非游客与游客需求的相关度（图 3-45）。依据访谈和实地调研所记录的行为次序和频率，可列出非游客与游客行为最相关的空间行为（表 3-12）。综合表 3-12 与表 3-3 游客空间行为模式，得出非游客因素与胡同

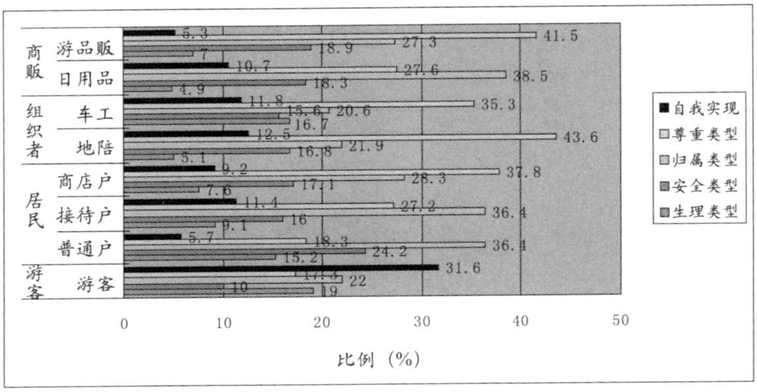

图 3-43
非游客的相关需求分布总图（谷郁绘）

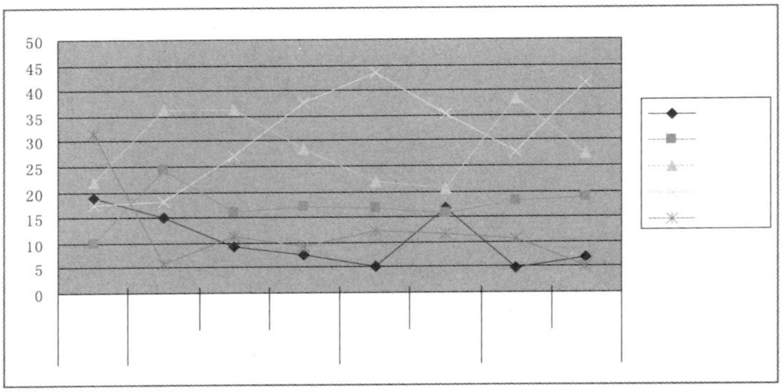

图 3-44
非游客的相关需求分类图（谷郁绘）

游行为序列的关系（表 3-13）。由表 3-12 得出非游客与游客行为的相关度（图 3-46）。综合非游客与游客需求、行为的关系，非游客与游客行为的关联情况（表 3-14）。最后得出胡同游空间的非游客因素排序（图 3-47）。

（二）非游客因素的影响

胡同游空间的非游客因素是一把双刃剑，它既能形成空间行为特色，又可以造成负面的影响。

表 3-11　非游客与游客需求的关系（谷郁绘）

	了解日常生活	参观胡同四合院	新鲜奇特的经历	考察生活状态	对比社会发展	品尝饭菜	感受生活情趣	看居住环境	喜欢僻静胡同	和亲友一起放松	作为拍摄场地	体验传统生活方式	考察古建筑	风景	吸引人的风俗习惯	亲切友善的居民	考察历史文化
普通居民	+	+	+	+	+	+	+	+	+	+	+	+	+	+	+	+	+
接待户	+	+	+	+	+	+	+	+	+	+	+		+		+	+	+
商店户	+	+	+	+	+		+	+		+	+	+	+	+	+		+
车工		+	+	+		+	+		−	+		+	+	+	+	+	
日用品贩	+		+	+	+		+				+	+		+	+	+	+
地陪	+	+				+		+	+	+			+	+			+
旅游品贩					+	−		−	−		−	+				−	

注：每项游客需求只选择最相关的五类非游客。

表 3-12　非游客与胡同游的五项最相关行为（谷郁绘）

游客	1h游客	拍照、参观接待院、乘三轮车、在各处均作短暂停留、买纪念品
	3h游客	在胡同四合院作稍长停留、品尝饭菜、乘三轮车、拍照、买纪念品
	5h游客	拍照、在各处作稍长停留、品尝饭菜、乘三轮车游览胡同、与当地人接触
	>5h游客	拍照、敏锐观察当地生活、步行游览胡同、参观接待院、与当地人接触
居民	普通居民	出行活动、访问聊天、买卖活动、健身娱乐、安全防卫
	接待户	接待活动、养花养鸟、看书写字、访问聊天、安全防卫
	商店户	买卖活动、布置制作、健身娱乐、访问聊天、出行
组织者	车工	接引游客、招呼游客、停车等候、空车穿行、喜欢与同类人物聚集
	地陪	引导、了解游客和居民、讲解概要、交流翻译、限制活动
商贩	日用品贩	了解当地居民、摆放摊位、买卖、关心游客、喜欢与同类人物聚集
	旅游品贩	了解游客、喜欢与同类人物聚集、在景点间流动、买卖、制作

注：尽管此表提供了相当的信息，但也遗漏了部分细节。如每个人次序的重要程度可能不同。

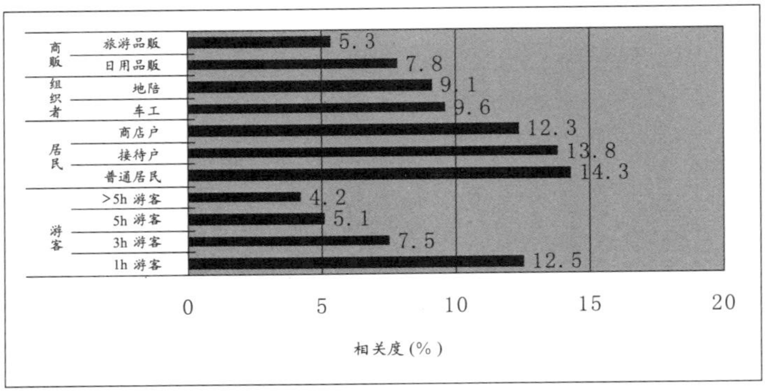

图 3-45

非游客与游客需求的相关度(%)(谷郁绘)

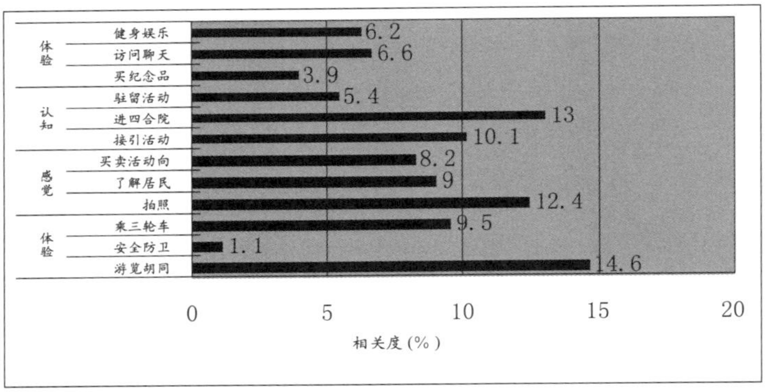

图 3-46

非游客与游客行为的相关度(谷郁绘)

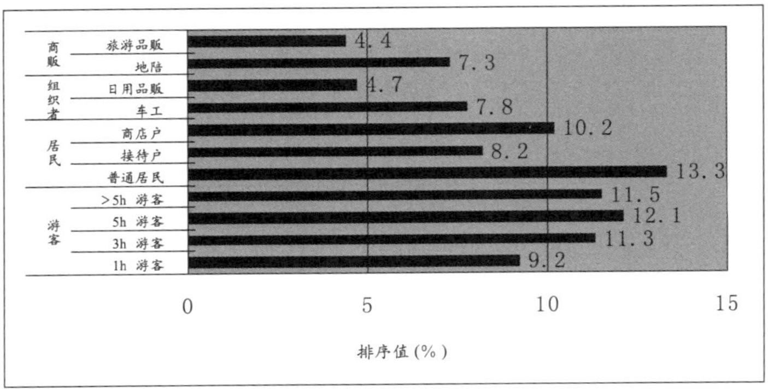

图 3-47

胡同游空间的非游客因素排序(谷郁绘)

注：排序值=Σ（某非游客需求相关度 × 行为序列相关度）/Σ（所有非游客需求相关度 × 行为序列相关度）×100%。

注：

①相关度=（Σ 与某非游客相关的游客需求百分比/Σ 表 4.1 所有相关需求的百分比）×100%

②范围由 0 =完全不相关至 100 =与游客所有需求相关。

③游客相关度按照基本记录确定。游客需求基本重合，而 4 种活动时间的的人数成相对稳定的比例。即旅行社的三种游客中，1h 占 50％，2～3h 占 30％，4～5h 占 20%”，>5h 的游客包括文化团体考察和不参加旅行社组织的驻外办公人员。将这 4 种游客占游客总数的比例确定为 45%，27%，18%与 15%，既保留三种旅行社游客 5:3:2 的比例关系，又适当增加文化涉外考察团体的权重。

注：

①非游客与游客行为的相关度=［Σ（表 4.3 非游客行为权重 × 表 4.2 非游客相关度）/Σ（表 4.4 所有行为 × 表 4.2 非游客相关度）］×100%。将表 4.3 横排中的行为个项依照自左至右的重要次序赋予 1～0.2 的权重，竖排中的行为主体取表 4.2 中非游客相关度的数值。

②范围由 0 =完全不相关至 100 =与“胡同游”行为序列完全相关。

表 3-13　非游客与胡同游空间行为序列（谷郁绘）

行进	游览胡同	在各处稍长/短暂停留、与当地人接触、敏锐观察当地生活、步行、聊天、买卖等
	安全防卫	拍照、在各处稍长短暂停留、限制活动、安全防卫
	乘三轮车	乘车穿行、拍照、与当地人接触、敏锐观察当地生活、出行、布置制作、买卖等
感觉	拍照	参观胡同、接待院、品尝饭菜、出行活动、花鸟、健身娱乐、布置制作、摊位、聚集等
	了解居民	拍照、在各处停留、品尝饭菜、与当地人接触、出行、摊位、买卖、布置制作等
	买卖活动	拍照、停留、非游客接触、敏锐观察当地生活、摆放摊位、招徕、访问聊天、聚集等
认知	接引活动	拍照、在胡同四合院做稍长停留、买纪念品、乘三轮车、空车穿行、车工、商贩聚集
	进四合院	参观四合院、与当地人接触、品尝饭菜、敏锐观察当地生活、娱乐、看花鸟等
	驻留活动	拍照、游客步行或乘车穿行、居民出行、买卖活动、访问聊天
体验	买纪念品	步行或乘车游览胡同、接待活动、引导活动、限制活动、
	访问聊天	拍照、接待活动、与游客接触、相互观察、步行、安全防卫、停车等候、交往聚集等
	健身娱乐	拍照、游客步行或乘车穿行、居民出行、买卖活动、访问聊天、养花养鸟、娱乐聚集

表 3-14　非游客与游客行为的关联情况（谷郁绘）

	游览胡同	进四合院	拍照	接引活动	乘三轮车	了解居住环境	买卖活动	访问聊天	健身娱乐	出行活动	买纪念品	安全防卫
普通居民	+	+	+	+	+	+	+	+	+	+	+	+
接待户		+	+	+	+	+			+			+
商店户	+				+	+	+	+	+	+	+	
车工	+	+	+	+			+	+		+		+
日用品贩	+					+	+	+	+	+	+	
地陪		+	+		+							
旅游品贩		–		–						+	+	–

注：①每项行为均依次序排定五种最长做这种行为的角色，依据受访者提到的次序和频率统计。②表中的“–”表示非游客在该行为中为负相关。

1. 对周游空间的影响

周游空间的连续样态被打断。周游空间的连续性常因非游客因素发生改变，甚至中断。什刹海前后海的酒吧，由 2001 年的 1 家增加到 2003 年 4 月的 32 家，至 2005 年 4 月，有 19 家集中在胡同游重点游览的前海北沿约 200m 长的北段，平均中心距离 10.5m，以每家面向前海的平均面宽 4.5m 计算，平均间隔为 6.0m。连续的周游空间被分隔为许多小面积的地块。烟袋斜街在 2002—2004 年，沿街有 10 处院落的建筑、10 处日杂店铺改为旅游商铺，占沿街户数的 30.8%。沿街房屋一般以间为单位出租给外地人经营，原来的居民已经外迁，少数在后院居住。现在长 250m、宽 4~6m 的街巷两侧，集中了旅游商铺和饭馆酒吧 62 家，中心距离 8.1m（按平均分布于斜街两侧计算），以每家面向斜街的平均面宽 4.5m 计算，平均间隔 3.6m（图 3-48）。

周游空间的界面常因非游客行为而发生改变。界面图形变得模糊、缺失或跳跃，给人含混、不完整和无序的印象。高度方向的比例更容易产生视觉的等级效果，所以沿胡同上空搭建过高的建筑物，容易使建筑形成孤立的或是纪念性的感觉，易成为负面的视觉主体（图 3-49 ～图 3-51）。

2. 对引游空间的影响

引游空间的断续点被非游客因素侵蚀。引游要素的位置、构造、用途等的改变，使引游空间给人错乱、混杂和商业化的感受（图 3-52）。

引游空间的断续点被非游客因素抹除。如烟袋斜街 2003 年的步行街改造工程，按文物保护单位、保护类建筑、改善类建筑、暂保类建筑、更新类建筑、整饰类建筑分别进行保护和改造，完工后基本统一为明清风格的灰墙黑瓦木门窗立

图 3-48
入游对周游空间的影响
（谷郁摄，2004 年 4 月）

面模式，许多表现细微变化的点被抹除了。给人的印象单调乏味，在总体概貌的基础上，缺少形成丰富印象的重点环节。

3. 对驻游空间的影响

驻游空间的功能性应限制在游客必需的范围，而不需要对其他人群都有吸引力。反例便是什刹海区域，因为大量酒吧和商铺延伸到这里，吸引了大量非游客人群的涌入，而游客在汽车与躺椅之间曲折迂回，更像什刹海的“多余人”[1]。

驻游空间受到三轮车集中穿行和停车的影响。三轮车在主入口停车和接送游客，由于团队时间集中在上午 9 点和下午 2 点，团队规模由组团社确定（小团 10 人、中团 20 人、大团 40 人），造成三轮车在这两个时间成群结队地穿行，在胡同口和胡同中集中停车和装载游客，有时街内会发生车辆拥堵。这些因素不仅减弱了驻游空间的标志性，而且中断了胡同游的连续感。比如黑芝麻胡同宽约 5m，中段因 2 号接待院而引入三轮车，由于一侧院门的台阶，胡同实际宽度只容两部三轮车，有时街内会发生车辆拥堵。这些因素不仅减弱了驻游空间的标志性，而且中断了胡同游的连续感(图 3-53、图 3-54)。

4. 对入游空间的影响

胡同游对当地生活秩序的过度侵扰，引发居民的防卫行为。如游客占路，或在黑车黑导游的引带下随便进居民院等，使临近的胡同组织老年志愿者，不让过多的胡同游三轮车穿行，一些院落自发在门口挂牌，谢绝游客入内（图 3-55）。

另外，入游接待院的近邻关系也受到影响。接待居民反映“一个院儿里有的接待有的不接待，就有利益之争”，“人与人之间疏远了”。未能获得利益补偿的部分居民则会因发泄

---

[1] 西城区旅游局. 什刹海地区旅游产业发展提升策划方案. 2004

图 3-49
入游空间的入口和活动
资料来源：北京古垣人力客运三轮车胡同游览有限公司

图 3-50
局部高度对周游空间的影响（谷郁摄，2004 年 3 月）

图 3-51
非游客因素改变周游空间
1. 居民固定占用（谷郁摄，2004 年 2 月）
2. 居民临时占用（谷郁摄，2003 年 3 月）
3. 停车占用（谷郁摄，2004 年 2 月）
4. 商铺占用（谷郁摄，2004 年 2 月）

图 3-52
非游客因素改变引游要素（谷郁摄）
门洞、墙面、屋顶

图 3-53
非游客因素改变驻游空间
上图为功能；下图为标志性（谷郁摄，2004 年 10 月）

图 3-54
非游客因素改变驻游空间的功能
上图为居民（资料来源：北京古垣人力客运三轮车胡同游览有限公司）
下图为三轮车（谷郁摄，2004 年 10 月）

图 3-55
非游客因素改变入游空间
左图为居民院门；右图为门口挂牌（谷郁摄，2004 年 10 月）

不满引发游客的紧张，比如在“院里来游客时扫地、晾床单、争吵”等，邻里间冷淡、疏远，甚至争斗，或者希望迁离此地。

5. 对胡同游空间整体的影响

胡同游的胡同现在仍然充满京味的生活气息，非游客因素是其不可分割的组成部分。当地居民、胡同游运作者、商贩等给空间以联想的价值和象征的含义，是纳入胡同游的前提。虽然这些含义不在此深入探讨，但是胡同的意义正在于它能使胡同游空间中各种各样的形态和活动结合为一个统一的整体。胡同游空间中游客与非游客行为所具有的交叉影响的互动特征成为其保障。

四、胡同游的未来

胡同游空间从 1994 年发展至今，已经形成一定的规模和良好的发展态势，它的连续性和互动性特征，呈现出北京旧城的整体特色，为探索旧城保护的理想途径，提供了一个较为完整的样本。但是，胡同游空间的利用与管理都存在一定的问题，与北京旧城保护缺乏有效的衔接，离建立胡同游品牌的要求仍然存在相当的差距。

（一）划定区域

重新划定胡同游区域，是胡同游空间进一步发展的首要环节。胡同游的胡同具有旅游、居住、商业等混合使用的特殊性质，而现有的胡同游区域是自发形成的，隶属不同行政辖区和历史文化保护区，难以发挥其自身的特色。通常的旅游规划或保护区规划缺乏通观全局的观念，个别保护区的规划曾出现过一条街道两边的相邻保护区都很难衔接的状况。另外，现有的规划偏重物质性规划，缺乏针对胡同游区域的专门研究。在此，建议整体考虑北京旧城中的胡同游空间，打破行政辖区的隔离，整合各个旧城保护区，结合历史文化保护区规划和 2004 年的《北京市旅游管理条例修正案(草案)》，针对胡同游空间进行专项研究，高效率地发挥胡同游空间在旧城保护和旅游两方面的独特作用。

（二）强化空间

强化胡同游空间应突出其连续样态和非游客互动因素，满足游客和当地居民需要，限制对其他人群的吸引力。反观什刹海地区，大量酒吧和商铺的进入吸引了各类人群涌入，汽车和酒吧侵占了最佳邻水位置的街道，冲击了这一区域的胡同游。这表明，胡同游空间有其发展的限度，不能过度侵占胡同原有的连续样态和非游客互动因素。对酒吧、商铺等胡同游服务设施，应当控制一定的规模、数量和位置。这样才能不破坏胡同游空间的连续性，进而持续保持胡同对游客的吸引力。强化胡同游空间，首先应以改善现有胡同居民的生活条件为前提，这是胡同游空间进一步发展的保障。其次是开放部分市、区级文保单位，使之作为有历史价值的重要景点。最后，可以整治少量保存完好的四合院，作为游客深入体验老北京生活的场所。

（三）提升功能

提升胡同游功能是指在满足旅游活动最低需求的基础上，进行服务娱乐等现代空间和功能形态与传统居住功能之间的有序置换，即把一部分居住四合院的使用功能从住宅置换为旅游接待设施、服务设施与经营设施。四合院原本就是一种多用途的建筑形式，可用于住宅，也可用于衙署、学校、旅馆、餐馆、商店等，功能的置换无须伤筋动骨地大拆大改。一部分四合院的用途可围绕旅游业置换，或改为家庭旅馆、家庭餐馆、民俗博物馆，或改作商业、服务业用房。新近开业的谭府饭庄就是这种置换的实例。[1]有序置换需要政府给予一定的"外迁专项资金扶持"，这是提升胡同游功能必不可少的一项措施。

（四）改进管理

胡同游空间需要对应明确的权属，应改变几个部门交错管理、控制不利的情况。考虑到旧城空间的整体特征，应对整个旧城内的胡同游区域形成统一管理，解决目前跨行政辖区和文保区管理的问题。这样还便于在当地旅游公司、文保部门之间建立直接的联系，使空间利用和胡同保护紧密结合。胡同游活动有其自身的空间规律，现有的游览方式，团队规模过大，三轮车集聚频繁，可以从管理角度提出更为合理的三轮车尺寸，增加一部分单乘车，还可以调整旅游团的人数和时间，组成不多于 10 人的特殊团队，间隔一定时间发团。这样才能使游客活动和当地生活相契合。

（五）创建品牌

北京旧城胡同游的胡同，以其宅门合院、王府故居、风味饮食、民间技艺为特色，逐渐成为广大中外游客领略古都文化的文化旅游区。这里居住着当年八旗军民的后裔，是京味十足的地道北京人，说着音纯腔正的"京片子"，呈现出原汁原味的北京民风民俗和相对保存较好的旧京景观。游客在

[1] 西城区旅游局，什刹海旅游发展战略规划，2004

这里会比一般观光旅游经历更长的时间，以广泛接触胡同里的社会文化、民风民俗，与当地民众也有更多的心灵沟通。这是一种用心来感受的旅游，一种由表及里的寻求深层体验的旅游，足以成为北京“人文奥运”的重要组成部分。

北京旧城的胡同游是保护胡同历史遗存和深厚的人文积淀、弘扬胡同文化的有效途径，具有形成文化品牌的潜力。现在的胡同游已经为“形成旅游精品名牌系列”奠定了良好的基础，进一步的措施应以胡同游空间特征为导向，不断提升胡同游的空间质量，使来到胡同的游客，尤其是有着巨大文化差异的海外旅游者，“心甘情愿地以坐磁悬浮列车的价格去坐三轮车、人力车；以吃全聚德烤鸭的价格去吃家庭饺子宴或普通的家常便饭；以住五星级饭店的价格去住四合院家庭旅馆”。因为他们不仅在为吃、住、行付费，还在为难得的文化体验而付费。打造北京旧城胡同游品牌，使之成为继“万里长城、故宫、天坛、颐和园、十三陵之后的第六热点旅游项目”，成为向全世界展示北京旧城风貌的一张城市名片。

北京旧城的胡同，一直是社会关注的问题，也是一个沉重的话题。尽管胡同游在空间和管理上存在种种问题，但是已经为探索胡同的保护更新提供了一种可行的方式，即既追求保护胡同这一北京旧城精髓的目标，又能促进胡同游事业持续有序的发展。

后记

从 20 世纪 90 年代中期开始，我带领硕士研究生进行当代北京城市弱势空间研究。到 2005 年，已经有 7 名硕士研究生完成了相关课题的硕士论文。从那时起，我计划主编北京城市空间研究系列丛书。本书改写的三篇硕士论文在 1997 年至 2005 年间完成。2005 年，我和谷郁对三篇硕士论文进行了删减和缩写，并于 7 月完成书稿，送交清华大学出版社。出版社编辑对书稿进行了细致校对，同时聘请书籍装帧专家设计了版式，完成了全书的排版工作。其后，由于我的工作繁忙，搁置了本书的出版。2007 年，我重新启动本书的出版工作，对本书有了新的修改意见，并请滕静茹对本书做了全面的校正和修订，尤其是对文中注释和部分图片做了仔细的查对，进行了更换和增补。2009 年，我再次审视了本书的全文，决定进一步删减，对本书做最后的修订。在这一过程中，杨扬对全书的图文排版进行了细微校核，统一了全书的体例。经过 4 年的努力，本书书稿终于成型，并且成为我主编的系列丛书中的第一本书。在此，感谢谷郁、滕静茹、杨扬为本书的完成付出的汗水，感谢清华大学出版社徐晓飞主任对本书给予的大力支持，感谢赵从棉编辑对本书所做的精心校对，感谢出版社为本书的装帧和排版所做的辛勤工作。

本书主要内容取自杨滔、傅东和谷郁的硕士论文。目前，杨滔在英国伦敦学院大学（UCL）攻读博士学位；傅东开办了自己的“这方”建筑设计事务所；谷郁在山东省建筑设计研究院工作。本书出版之际，祝愿他们取得更大的成绩。

朱文一

2009 年 12 月 28 日

于清华园

内 容 简 介

本书以独特的视角审视当代北京城市空间中较少被人关注的因素，探究与城市弱势群体对应的弱势空间的形态规律，扩展了城市空间研究的领域，为认知当代城市空间提供了一种方法，为提高城市空间品质提供了一种思路。本书适合于建筑学、城市规划学、景观建筑学等学科领域的专业人士和学生，以及相关专业的爱好者。

图书在版编目(CIP)数据

微观北京 / 朱文一编著. --北京：清华大学出版社，2011.5

ISBN 978-7-302-24817-0

Ⅰ. ①微… Ⅱ. ①朱… Ⅲ. ①城市空间-研究-北京市 Ⅳ. ①TU984.21

中国版本图书馆CIP数据核字(2011)第0033029号

封面设计： 朱文一

责任编辑： 徐晓飞　赵从棉

责任校对： 刘玉霞

责任印制： 李红英

出版发行： 清华大学出版社　　**地　址：** 北京清华大学学研大厦A座

http://www.tup.com.cn　　**邮　编：** 100084

社　总　机： 010-62770175　　**邮　购：** 010-62786544

投稿与读者服务： 010-62776969, c-service@tup.tsinghua.edu.cn

质　量　反　馈： 010-62772015, zhiliang@tup.tsinghua.edu.cn

印 装 者： 北京雅昌彩色印刷有限公司

经　销： 全国新华书店

开　本： 185×235　　**印　张：** 11.75　　**字　数：** 302千字

版　次： 2011年6月第1版　　**印　次：** 2011年6月第1次印刷

印　数： 1～2000

定　价： 39.80元

产品编号：020877-01